学術選書 039

新編 素粒子の世界を拓く

湯川・朝永から南部・小林・益川へ

湯川・朝永生誕百年企画展委員会 編集
佐藤文隆 監修

京都大学学術出版会
KYOTO UNIVERSITY PRESS

新編　はしがき

二〇〇八年のノーベル物理学賞は「対称性の自発的破れをサブアトミック物理で発見」した南部陽一郎氏に、また「クォークの最少三世代の実在を予言した対称性破れの起源を発見」した小林誠、益川敏英両氏に授与された。ともに、素粒子物理学における理論物理学の業績であるが、受賞した方々の系譜からしても、湯川秀樹・朝永振一郎という二人の日本人が育んだ伝統の巨大な果実である。もともと本書の旧版は湯川・朝永生誕百年を記念して二人の偉大な足跡を後世に伝えるために企画されたのであるが、その出版を企画した一同にとって、二〇〇八年は感激この上ない年となった。湯川、朝永の生誕百年は二〇〇六、〇七年であり、その記念の年に間をおかず訪れたこのたびの受賞は、素粒子物理学の世界を拓いた二人の功績の何よりの証明であるとも言えるからだ。「湯川・朝永から南部・小林・益川へ」という本書のサブタイトルは、まさしくそのことを明示している。

このたびの慶事はまた、多くの人々に素粒子物理学や理論物理学に関心を持っていただく好機でもある。この学問の世界は日常的経験から飛躍しているから、それをただしく実感し先端的な素粒子物理学を理解するためには、まさに湯川や朝永が挑んだミクロの世界の物理学の展開の歴史をたどるのが王道である。その点で、本書旧版の記述はよき導入部であり、それを基礎にして、このたびの受賞の対象となった業績の理解へと進むことができる。そこで本書では、高まった関心に応えるために、「対称性の自発的破れ」、「CP対称性の破れとクォークの数」、「ビッグバン宇宙と物質の起源」の三節を追加した。

南部・小林・益川三氏の受賞間もないこの時期に、ぜひ、本書を通して、素粒子の世界への関心と理解が広がれば、この上ない喜びである。

監修者　佐藤文隆

初版　はしがき

湯川秀樹と朝永振一郎はともに新しい科学の世界を創造してノーベル物理学賞を受賞した。湯川は一九〇七年一月二三日生まれ、朝永は一九〇六年三月三一日生まれであり、ともに生誕一〇〇年の節目の年を迎える。二人は京都大学教授の子弟として京都で育ち、旧制第三高等学校と京都大学物理学科において同級生として量子力学という新しい物理学を自学自習し、世界の研究界の最先端に飛躍していった。

それにつけても想い出されますのは湯川先生がノーベル賞を受けられた昭和二四年の頃であります。私は尚、医学部の助教授でありましたが、戦後の窮乏のあけくれの中に疲れることのみ多い毎日を送っていましたが「一九四九年ノーベル物理学賞日本の湯川教授に」との新聞報道は同じく科学研究に携わる私共に衝撃的感動を与えました。その夕の帰途にみた時計塔の灯は吉田山を背景にくっきり浮かび上がってみえました。ひとり科学者のみでなく日本国民全体は自信喪失の首を初めて伸ばし、世界をかいまみる気持ちを味わったのでした。以来、この二五年はそれを契機に日本人が窮乏のどん底から自らの努力で次第次第に自信をとりもどし国際社会に登場する四半世紀でありました。

これは基礎物理学研究所二五周年記念の式典における岡本道雄京都大学総長（当時）の祝辞の一節である。敗戦後間もない時期での日本人初のノーベル賞受賞がもった「衝撃的感動」はまさに全国民に及ぶものであった。そして湯川と朝永はあい協力して、それによる国民の負託から逃げることなく、戦後の研究体制の構築ならびに教育、文化、平和の国民的課題に積極的に活躍した。まことに学者としての見事な人生を描いたのである。

本書は湯川と朝永の生誕一〇〇年を機に、両人の生い立ちから物理学の研究内容まで、概括的に記述したものである。二人がこの世を去ってすでに四半世紀が過ぎており、両人の活躍した時代をともに生きた世代にとっては当然の「常識」が風化しつつある。本書では二人の人生と物理学を大まかに描くことによって、バランスのとれた全体像を与えることに努めた。「ともに生きなかった」世代の人々もこの「入門編」で湯川、朝永に関心をもち、新しい時代の中においても湯川、朝永が語り継がれていくことを願っている。

物理学における両巨人を仰ぎ見て理論物理を志し、晩年二〇年余りの謦咳に接してきた者として、日本の科学をめぐる風景の変貌には嘆息するのみである。湯川と朝永にとって科学は創造の場であると同時に人間修養の場であり、自己実現と公共性を兼ね備えた営みであり、学問の普遍性と地域性・時代性をブレンドして生きる絶妙な営みであった。学問の世界に量子力学という新潮流を目ざとく見つけ、その波頭に飛び乗った自信と勇気は若者のそれである。そして彼らの後半生の社会的活躍は学問が人を作る営みであるという〝勉強好きな子〟の精神的支えである古典的命題の実証でもあった。科学が持つこうした多彩で豊かな側面の再生を若者の勇気に託したいと思う。

新しい時代の中での新しい湯川論・朝永論が必要とされていると考えるが、本書はそれを展開したものではない。先に述べたように「入門編」である。幸い、両人は多くの著作を遺されており、また学術界・文化界でながく巨人であった二人に関してはすでに多くの論説も存在する。本書をきっかけにして、あらためてそうした著作が読み直されることで、新しい物語が語られるようになれば幸いである。

本書ではまず序章において湯川、朝永が登場する時期までの物理学のながれを概説し、第一部「二人の歩んだみち」においてその生育と研究業績、社会活動の姿を概観する。その上にたって、第二部「二人の時代」では、二人を育んだ学校教育や二〇世紀の物理学研究史を論じ、さらにそうした研究史の中での湯川、朝永の業績を解き直す。そして終章では、今日の研究・教育、社会のあり方と関わって、二人の人生から何を学べるか、二一世紀に生きる我々自身の課題を考えてみたい。また巻末の「付録」では湯川、朝永の著作や史料についての案内と、本書の描く時代や学問を理解する上で最低限必要な人名・用語の解説を記した。

監修者　佐藤文隆

目次

序章 量子力学と原子核の登場まで

1 量子力学革命

湯川と朝永が大学に進学したのは一九二六年春であるが、この年は物理学の歴史にとって画期的な時であった。従来の力学と根本的に異なる量子力学という理論体系がこの時期に提起されたのである。この量子力学は、一九〇五年のアインシュタインの相対論とあいまって、ニュートン以来の物理学の根本的な革命であった。こうした熱気は一九二七年頃には日本の大学で物理学の勉強を始めたばかりの二人も知るところとなっていた。第七章で詳しく述べるように、当時の日本の物理学界の重鎮であった長岡半太郎や新進気鋭の石原純たちがヨーロッパ学界のこの興奮を日本に伝える努力をしていた。またヨーロッパ留学中に量子力学の創造劇を体験して一九二八年に帰国した仁科芳雄が日本各地を回り、積極的にこの「革命の息吹き」を伝えた。日本の学界にも及んでいたこの高揚した雰囲気が、二人の青年に影響を与え、二人は「遅れて参入した焦り」を背負ってこの物理学の新潮流に身を投じ、世界の先端に飛び出していったのである。

この序章では、「量子力学革命」までの世界の物理学の流れを、早足に振り返っておくことにする。

2　電磁気学

惑星運動と地上での落下運動をもとにした、ガリレオとニュートンによる運動と重力の法則はニュートンの「自然哲学の数学的原理」(「プリンキピア」と略される。一六八七年)によって体系的に提示された。これは自然現象の法則性を方程式で数学的に表現する、今日の物理学の出発点となった。そして一九世紀には、物理学はその対象を熱、音響、光、電気、磁気、などの多彩な現象に拡げていき、実験と測定によって、次々と厳密な方程式で表される法則性を発見していった。

これらの諸現象は、一見、物体の運動と無関係に見えるが、背後に力と運動を想定することで方程式に表現されていったのである。以前から散発的に知られていた電気・磁気の性質についても、それらの効果を運動で導入した力に結びつけることによって、定量的法則にまとめられていった。一九世紀の初めまでは静電気や静磁気が主なテーマだったが、ガルバーニの生物電気からヒントを得たボルタが電池を発明したことによって、電流が実験に利用できる様になり、電磁気の研究は飛躍的に進んだ。これは直ちにエルステッド、アンペール、ファラデー等によって電流による電磁誘導の発見に繋がった。一八六五年、マックスウエルはこれらの種々の法則性を総合化して、電荷・電流と電場・磁場の動的な関係を表す方程式群を提起し、現在でもそのまま正しい電磁気学が完成した。

このマックスウエルの方程式は、発電機やモーターといった電気磁気を使った技術の厳密な基礎となっただけでなく、光や電波の基礎理論であることも明らかになった。光は電気と磁気の波動、すなわち電磁波であり、波長（振動数）の差は色を表し、振幅は強さを表す。また雷のような放電の際には光よりも振動数の小さい電波が放出されることが明らかにされた。一九世紀の終わりには、工場のモーター、電灯、電車、電信、無線、といった電磁気の利用が先進国で大きく進んでいた。

3 高電圧と放電管

一九世紀末、ヨーロッパの先進的な物理学の実験室での流行は、高電圧を作る装置と真空装置の導入だった。蛍光灯のようなガラス管を作って、内部の気体を減圧したり、空気の代わりに別の気体を入れたりする。そして、このガラス管の両端に高電圧をかけると、ガラス管の内部が発光し、封入する気体の元素によって発光の色が違うのである。虹のようにこの光をプリズムによって振動数毎に分けた強度分布、すなわちスペクトル、を調べる分光学の実験が盛んになされた。

このガラス管の発光のメカニズムは次のように考えられた。まずガラス管の両端の電極近傍で火花放電が起こり、原子がプラスとマイナスの電荷をもつ粒子に分解される。電荷を持つ粒子は高電圧の電場で加速されて大きな速度を持ってくる。そしてこの加速された粒子が原子に衝突すると原子から光が出てくると考えられた。ここで肝心なことは原子は全体としては電気的に中性だが、プラスのものとマイナスのものの結合した複合系と考えられていることである。このように原子がプラスとマイナスの粒子に分解できることは溶液の電気分解などによっても知られており、荷電粒子はイオンと呼ばれていた。ただ、原子を構成するこれらの粒子の正体は謎のままであった。

4 X線、放射線、電子、ラザフォードの原子核

一九世紀末の一八九五年から二、三年の間に、レントゲンによってX線が偶然発見され、続いてベクレル、キュリーらによる放射線の発見、トムソンによる電子の発見が相ついだ。X線と電子は放電管での実験を通して発見された。また、放射線を出しながら元素の種類が変わっていく事実の発見は化学の研究にとっても画期的だった。錬金術が夢見た元素の転換が実際に起こっていたのである。

放射線のようなエネルギーの高い粒子の発見は、同時に原子の内部を探求する新しい実験手段を手にしたことであり、それらを利用した原子内部の探求が始まった。三種類ある放射線のうちアルファ線はプラス電荷の重い粒子、ベータ線の正体は軽いマイナス電荷の電子であることが分かった。一九

図序-1（上）マリー・キュリー（1867- 1934）1903 年、放射能の発見で、ベクレル、ピエール・キュリーと共同でノーベル物理学賞、1911 年、ラジュウムおよびポロニウムの発見でノーベル化学賞受賞。

図序-2（下）アーネスト・ラザフォード（1871-1937）1908 年、元素の崩壊および放射性物質の化学に関する研究でノーベル化学賞受賞。

〇九年、ラザフォードはアルファ放射線を用いた実験によって、原子の内部でプラスとマイナスの粒子がどのように配置されているかを明らかにした。彼はこのアルファ線を金の薄膜に照射して、ときどき大角度の散乱を受けて戻されてくるアルファ粒子があることを見出した。この事実から、アルファ粒子より重くて、かつ大きなプラスの電荷をもつ、サイズの小さい粒子の存在が明らかになった。小さなサイズでないと、エネルギーの大きなアルファ粒子の運動を反転させる大きな電気力が存在しないからである。

こうして中心部にはプラス電荷の核があり、その周りにマイナスの電子が運動している原子内部の構造が明らかになった。こうした、太陽を回る惑星の軌道運動のように電子が原子核の周りを回っているという構造は、日本の長岡半太郎も一九〇三年に予想していた。また当時は、プラスの電荷が拡がって分布し、その中に電子が点在するというトムソンの原子モデルも、一方で提唱されていた。ラザフォードの実験によって長岡のモデルに近いことが確認されたのである。また、この実験によって、原子全体の大きさに較べて核の大きさは一〇万分の一も小さいことも見出された。

5 量子、光子、ボーアの原子

放電管での発光現象からも推察されるように、原子は光の放出・吸収を行っている。この光の吸収・放出のメカニズムを通じて原子の中の仕組みが解明されていった。こうした理論的な解明は、一九〇〇年のプランクによる量子仮説から始まった。物体を高温に熱すると明るく輝くことはよく知られている。一九世紀末、この光の色から温度を推定することは製鉄業にとって大事なことだった。この要請もあって熱放射の振動数に対する強度分布が精密に測定された。ところが従来の物理理論はこの実験結果を説明できなかった。そこでプランクは、「運動のエネルギーは飛び飛びの値しか取れない」と言う量子仮説を導入してこの実験結果を説明した。つまり、それまでの物理学では、エネルギ

図序-3（上） アルバート・アインシュタイン（1879-1855） 理論物理学諸研究とくに光電効果の法則の発見で 1921 年度のノーベル物理学賞受賞。

図序-4（下） ニールス・ボーア（1885-1962） 1922 年、原子の構造とその放射に関する研究でノーベル物理学賞受賞。

ーは連続した量と考えていたが、それを飛び飛びの値しかとれないと仮定することで、実験結果の説明に成功したのである。ここに、ミクロの世界は本質的に不連続になっている、という「量子」の考え方が登場したのである。続いて、一九〇五年、アインシュタインはこの量子仮説を光に適用して、光はその振動数に比例したエネルギーを持つ粒子であるという説をだして、実験で知られていた光電効果の性質などをうまく説明した。

その後一九一三年、ラザフォードが原子の内部構造を実験的に明らかにしたのを受けて、ボーアは量子仮説を取り入れた原子の中の仕組みを解きほぐす理論を提出した。彼は、原子の内部での電子の運動と光の吸収・放出の仕組みとを結びつけたのである。この構造論では、ド・ブローイが提唱した「電子も波の性質を持つ」という仮説とも関係している、原子の中で可能な電子の軌道を制限する量子化条件を設定した。その結果、原子核の周りの電子の軌道は、特定の飛び飛びものにかぎられることになる。これらの軌道のエネルギーの組をエネルギー準位という。そして、電子がある軌道から別の軌道に移るときに、光の吸収や放出が起こる。このとき吸収、放出される光子のエネルギーは、移り変わった軌道のエネルギー準位の差に当たる。これがボーアの原子と放射のモデルである。プランクの量子仮説とアインシュタインの光子説をうまく取り入れて組み立てた理論であった。

ボーアの原子構造論の原子モデルは、一定の種類の原子がある特有の振動数の光を出すという、分光実験で知られていた多くのデータをうまく整理・解釈する基礎を提供した。原子が吸収・放出するスペクトル線の情報は原子内で可能な電子軌道のエネルギーの差を表すから、電子の可能な状態を知ることができた。それはボーアの量子化条件で決まる状態とほぼ一致した。また、一九一七年、アインシュタインは光の吸収・放出を引き起こす状態間の遷移が確率的におこるという提案を追加して、この原子と放射のモデルはさらに充実したものとなった。

6 量子力学の誕生

光の出し入れ機構を備えたこの原子と放射のモデルの成功は画期的なことであった。しかし、電子の軌道を決める量子化条件も、アインシュタインの状態遷移の確率も、物理学の従来の理論では基礎付けることができなかった。例えば、光や電子が粒子でもあり波動でもあるということは、従来の物理学ではあり得ない考え方であった。しかし、電子がその運動量に反比例した波長をもった波動でもあることは、電子線の結晶による回折や干渉で実験的に確かめられた。日本の菊池正士もこのような実験を行った。したがって、個々の実験事実を説明するために導入された一時的な仮説の背後に、より一般的な物理学の新しい理論体系があると考えられるようになった。

この新理論の突破口をひらいたのはまだ若い世代のハイゼンベルクたちであった。一九二五年、ハイゼンベルクは観測される物理量の間の関係のみを記述することを標榜して、原子構造論の成功で知られている関係を再現する理論を提起した。観測される量を表すには「行列」という数学の手法が使われたので行列力学と呼ばれた。続いて、一九二六年、シュレーディンガーは物理量の外に状態を表す波動関数を導入する波動力学を提案した。引き続いて、ボルンやヨルダン、ディラック等によって行列力学と波動力学の関連が明らかにされて、今日見る様な量子力学の理論体系が完成した。

完成した量子力学の理論では、状態を表わす波動関数と測定値の確率分布の二重構造になっている。波動関数Ψで表わされるある状態のもとでの物理量Aは確定的な値はとらず、一般には確定した値をとる状態（固有状態）の重ね合わせである。波動との共通性は「重ね合わせの原理」が成り立つことである。状態 ϕ_1 と状態 ϕ_2 が許される状態ならば、それらが重ね合わさった $\Psi = \alpha\phi_1 + \beta\phi_2$ も許される状態だということである。ここで α と β は複素数である。

さらに量子力学では物理量はこれまでのように実数で表すことはできず、例えば、粒子の位置qと運動量pの積pqとqpは同じではなくなる。その間の差は $pq - qp = h/i$ である。ここでhはプランクが量子仮説で導入した「作用」の次元をもつ定数で、プランク定数と呼ばれる。運動量と長さの積やエネルギーと時間の積は作用の次元を持つ。量子仮説は作用の次元量には最小単位があり、作用量はその整数倍であるというように、デジタル化することで物理現象を説明する。物理学はマクロな現象の理論として出発したので、力学でも電磁気学でも、いつもその最小単位に比べて大きな作用量を持つ現象のみを扱ってきた。そのため、物理量の値がデジタル化されていても、それをほぼ連続量として扱ってよかったのである。それに反し、原子の内部のような小さな作用量が関与するミクロな現象を扱う際には、物理量がデジタル化されていることがはっきりと姿を現す。言葉を換えて言うと、hをゼロと近似し無視できるような現象を扱っている際には、pq と qp に差が無い計算規則に戻る、すなわち古典理論は量子理論の近似であると見なすことできるのだ。

量子力学によって例えば水素原子の状態関数が計算できる。この場合の状態関数は、原子核からの電気力を受けている一個の電子の様々な状態を表している。この関数の絶対値の二乗は電子の存在確率を表す。その確率分布はエネルギーによって差があり、高い状態ほど細く波打った分布をしている。従来の理論によると、加速度運動している電子は電磁放射するはずであり、原子核の周りを回転して

図序-5（上） ウエルナー・ハイゼンベルク（1901-1976） 1932 年、量子力学の創始ならびにパラ、オルト水素の発見でノーベル物理学賞受賞。

図序-6（下） エルウイン・シュレーディンガー（1887-1961） 1933 年、新しい形式の原子理論の発見でディラックとノーベル物理学賞を共同受賞。

コラム１　量子力学の状態の表現

状態を表すシュレーディンガーの波動関数は必ずしも波動ではないので、状態ベクトルとも呼ばれる。状態ベクトルΨは、ある物理量Aに対して$A\phi_i = a_i\phi_i$となる固有状態ϕ_iと複素数α_iにより

$$\Psi = \sum \alpha_i \phi_i$$

のように展開できる。

この状態の物理量Aを測定するとAがa_iをもつ確率は$|\alpha_i|^2$に比例する。同じ状態でも測定値は一定でなく多数回の観測での確率が決まるだけである。古典理論のような決定論（現実の状態では物理量は一つに決まっている）は成立しない。

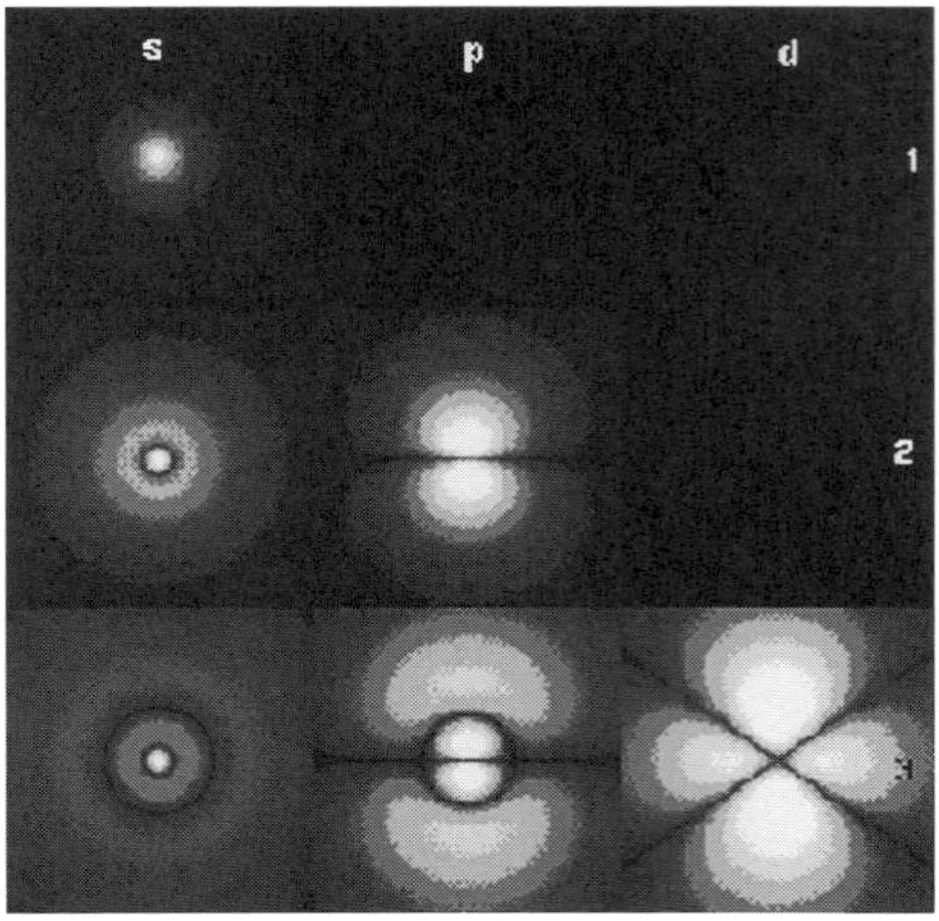

図序-7　水素原子内の電子の確率分布。原子の状態の差が、確率分布の差にあらわれる。

いる電子は電磁放射によってエネルギーを失い、最終的には原子核と一体化する、という結論になる。しかし、量子力学によると安定したエネルギー最低状態が存在する。すなわち、作用の最小単位の存在が原子を安定にする役目を果たしているのである。

7 場の量子論

量子力学は原子の内部や原子が分子に結びつく理論などで、次々と大きな成功をみた。しかし原子による光の吸収・放出という課題を扱うには光も量子力学で扱う必要性が生じる。一九二八年、ディラックは相対論的電子理論を提出し、電子も場で扱われることになった。また光も電磁波であるから電場や磁場を量子力学で扱う場の量子論が必要になった。場の量子力学の試みは一九二九年にはハイゼンベルクとパウリによって開始されたが、次々に難問に遭遇した。

粒子の量子力学と場の量子力学の差はその自由度にある。場の力学は、従来の古典的な扱いでも一般の場を多くの正弦波の重ね合わせとして表して各正弦波の成分比を力学変数として扱ってきた。やっかいなのはこの変数の数が無限大になることである。作用量子が有限な値を持つこととこの無限の自由度が連携して、計算値が無限大に「発散する」という困難をひきおこすのである。さらに電磁波も電子も相対論的な対称性を満たさなければならず、この制約により勝手な近似法が許されないという難しさを伴う。その最終解答は朝永らによる「くりこみ理論」（一九四八年頃）にまで持ち越されることになる。

8 中性子、原子核

原子と光の問題に課題を残しながらも、他方では原子核の正体を解明する研究も進展した。この研究には放射性元素からの放射線に加えて宇宙からの放射線である宇宙線の研究も加わり、また人工的に加速して高エネルギー粒子を作る加速器も実験に盛んに使われるようになった。

図序-8（上）　ジェームス・チャドウイック（1891-1974）。中性子の発見で、1935 年にノーベル物理学賞受賞。

図序-9（下）　エンリコ・フェルミ（1901-1954）。中性子衝撃による新放射性元素の研究と熱中性子による原子核反応で、1938 年にノーベル物理学賞受賞。

こうした中で一九三二年、チャドウイックが中性子を発見したことで、原子核は陽子と中性子の結合体であることが明らかになった。ラザフォードのように放射線の実験をやった人は未知の中性の粒子の存在に気付いていたというが、電気的に中性な粒子の検出は難しかったのである。チャドウイックは水素を多く含むパラフィンの陽子を中性子で突き出すという手法でこの検出に成功した。早速、フェルミは中性子が陽子・電子ともう一つニュートリノという未知の粒子に崩壊するという理論を提出して、放射性元素のベータ崩壊を説明した。この理論は、電子と電磁波の系以外に場の量子論を使った最初のものであった。湯川はこのフェルミの理論に触発されて核力の問題に向かった。

こうして、場の量子力学によって素粒子の相互作用を探求する研究が始まろうとする時期に、湯川と朝永は世界の舞台に登場してくるのである。

第I部

湯川・朝永の拓いたみち

湯川秀樹・朝永振一郎の略歴

日露戦争終結	1905	
	1906.3.31	朝永　誕生
	1907.1.23	湯川　誕生
第一次世界大戦	1914-1918	
アインシュタイン来日	1922.11	
	1923	第三高等学校入学
関東大震災	1923.9	
	1926	京都大学理学部入学
	1932	湯川　結婚
	1935	湯川　中間子論論文
欧州で第二次世界大戦勃発	1939	
	1940	朝永　結婚
	1943	湯川　文化勲章受章
	1943	朝永　超多時間理論発表
広島、長崎に原子爆弾、第二次大戦終結	1945	
	1946	湯川　学術雑誌 *Progress of Theoretical Physics* 創刊
	1948	朝永　くりこみ理論論文
	1949	湯川　ノーベル賞受賞
	1952	朝永　文化勲章受章
	1953	湯川　京都大学基礎物理学研究所所長
		東京と京都で「国際理論物理学会」開催
ビキニ環礁水爆実験で福竜丸被爆	1954	
	1955	湯川　ラッセル・アインシュタイン宣言に共同署名
	1957	第一回パグウォッシュ・シンポジウムに出席
	1956-62	朝永　東京教育大学学長
安保改定阻止運動	1960	
	1962	第一回科学者京都会議
	1963-69	朝永　日本学術会議会長
	1965	朝永　ノーベル賞受賞
	1966	湯川　素領域理論論文
大学紛争	1968-69	
	1975	パグウォッシュ会議を京都で開催
	1979.7.8	朝永　逝去
	1981.9.8	湯川　逝去
ユネスコが湯川メダルを製作	2005	

京都帝国大学理学部物理学科の学生時代。オランダの物理学者ラポルテが来学した際の記念写真。最後列中央が湯川（当時は小川姓）秀樹。その前列、右から八人目が朝永振一郎。

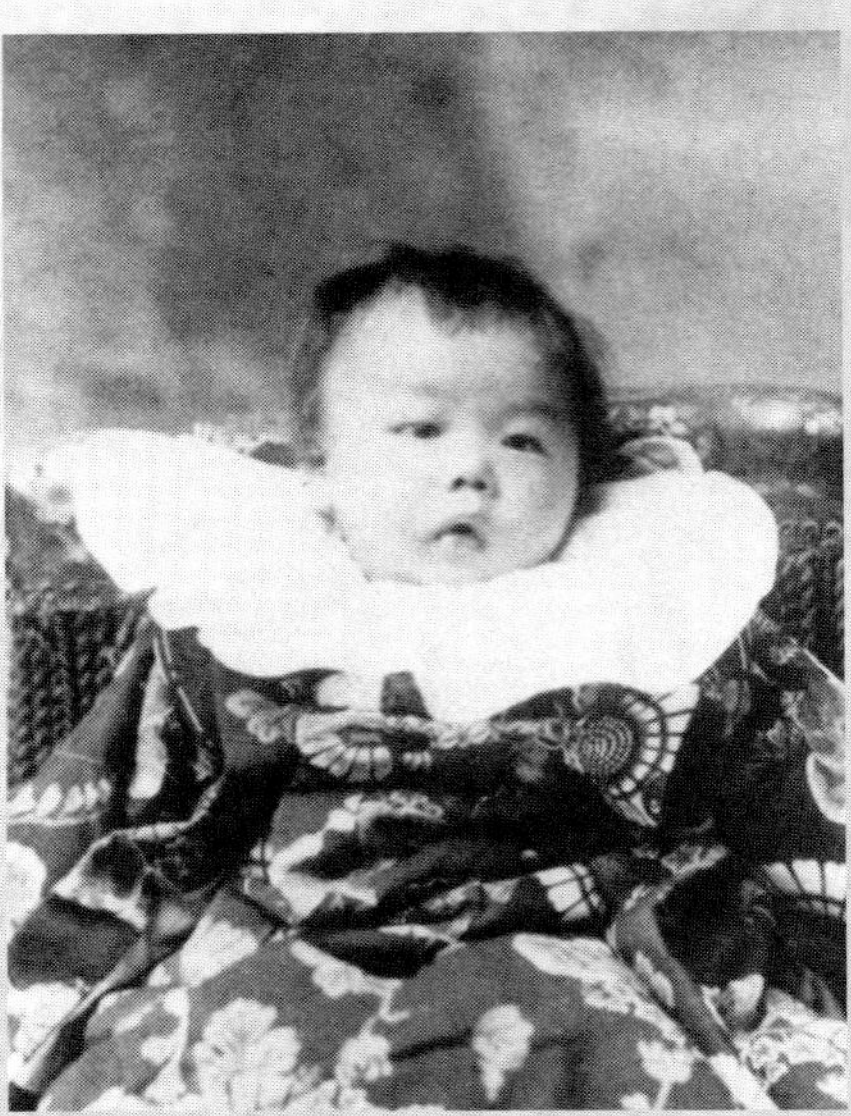

秀樹　1907（明治 40）年 1 月 23 日、小川琢治、小雪の三男として、東京麻布で生まれる。

小川家の息子たち。右から芳樹、環樹、秀樹、茂樹。

旧制京都府立第一中学校時代の水泳クラブ。湯川（当時小川）は二列目、右から二人目。

旧制第三高等学校時代。湯川は左端。

旧制第三高等学校時代の力学演習のクラス。前列中央背広姿が堀健夫、右端が湯川、後列右から二人目が朝永。

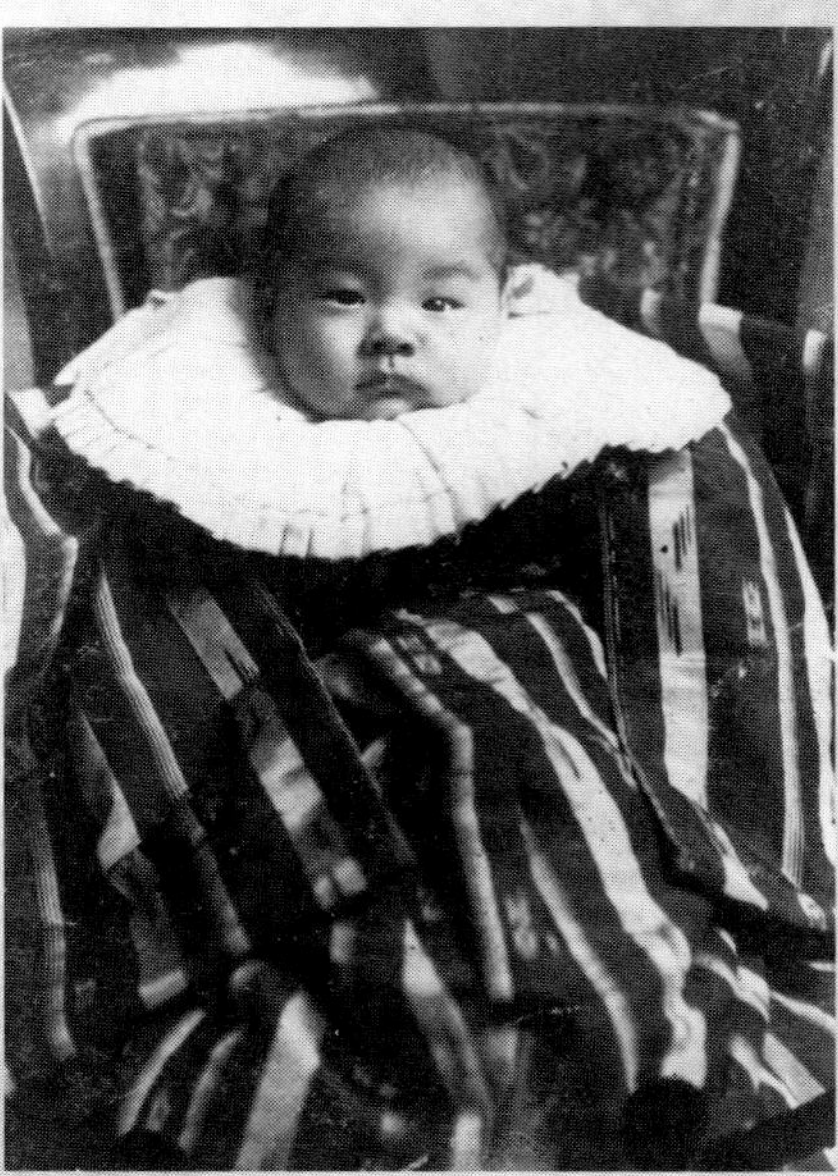

振一郎 1906（明治39）年3月31日、朝永三十郎、ひでの長男として、東京小石川に生まれる。

錦林尋常小学校（京都市）卒業のとき。中央が朝永。

朝永家。後列左から振一郎、父三十郎、前列左から姉しず、妹綾子、弟陽二郎、母ひで。

旧制京都府立第一中学校時代。左端が朝永。

第1章 生い立ち——物理学に志すまで

1 秀樹の誕生

湯川秀樹は一九〇七（明治四〇）年一月二三日に東京の麻布で生まれた。父小川琢治（たくじ）は地質調査所の所員であり、母小雪とともに和歌山県の出身であった。秀樹という名前は、「夏雲多奇峰、冬嶺有秀樹」という句から取られた。姉二人、兄二人がおり、秀樹は三男だった。後に弟二人が生まれるので、兄弟姉妹七人——長女香代子（後に小川一清と結婚）、二女妙子（後に武居高四郎と結婚）、芳樹（長男、金属工学）、茂樹（二男、貝塚、中国史）、秀樹（三男、湯川、物理）、環樹（四男、中国文学）、滋樹（五男、石原、京大経済学部卒業後すぐ徴兵され、戦病死）――の家族になる。

一九〇八年、父が京都大学文科大学（今日の文学部）教授に就任したため、一家は三月に京都に移った。父方と母方の祖母がかわいがってくれたことを秀樹は懐かしく憶えている。

秀樹たち兄弟は皆小学校に入る前から小学校卒業まで、論語など中国の古典を声を出して読むこと（素読）を小川家の祖父から教わった。祖父駒橘《こまきつ》が一センチメートル以上の大きな文字を、〝字つき〟と呼ぶ指し棒で突きながら読んでゆくのを、子どもたちは分からないまま復誦する。祖父はなかなかやめてくれないので、悲しくなって、大きな涙が落ちる日もあったと、芳樹も秀樹も後に回想している。

テキストは、儒教の基本的な古典の四書五経だった。四書とは、大学、中庸、論語、孟子であり、五経とは、易経、書経、詩経、礼記、春秋である。論語は、よく知られている巻第一　学而第一

図 1-1（上）　秀樹の父母、小川琢冶と小雪。

図 1-2（中）　秀樹の兄弟たちは祖父駒橘から「論語」などの素読を教わった。

図 1-3（下）　母は「赤い鳥」などの雑誌を毎月とってくれた。

「子曰　学而時習之　不亦説乎　有朋自遠方来　不亦楽乎（子のたまわく、学びて時にこれを習う。またよろこばしからずや。友あり遠方より来る。また楽しからずや）」から始まっている。

小川家は秀樹の父もその前の代も学者の家柄で、どの部屋にもあらゆる方面の書物があり、蔵書が一杯になると、次々に広い家に引っ越した。それで子どもたちも自然と手当たり次第に書物を読んで知識を吸収していった。

2 小学生時代

兄弟は、小学校に入る前から母が毎号取ってくれた羽仁もと子の雑誌『子供之友』（一九一四年創刊）を代わる代わる愛読した。『少年世界』（一八九五年創刊）や『日本少年』（一九〇六年創刊）なども読んだ。小学校上級の頃、鈴木三重吉の『赤い鳥』が創刊（一九一八年）された。創刊号には、芥川龍之介の「蜘蛛の糸」などがのっていて、それまで知らなかった美しい世界を開いてくれ、とても魅力を感じたと秀樹は回想している。

京極尋常小学校（京都市）に入る前後から、有朋堂文庫一二〇冊が発刊された。そのころから高校時代にかけて、伊勢物語、平家物語、近松門左衛門など、この文庫の大部分を読んだ。日本の古典についての興味は、生涯続いた。

小学校時代は、ごくまじめに勉強し、よく遊んだ。手先が器用でなくて、図画や体操、手工は、どちらかというと不得意だった。また、習字は、中国で書道を学んだ山本竟山が小川家を訪問するかたちで、小学校入学前から高校時代まで習った。最初は姉、続いて秀樹が加わり、後から兄たちも参加した。中国の名筆家の字を楷書から始めて、半紙一枚に一字ずつ書いて、行書、草書を一通り習ってから、三高のころには隷書まで少し教わった。秀樹はいつも先生からほめられていたと、兄の貝塚茂樹が回想している。楷書のテキストは欧陽詢の九成宮醴泉銘、行書は王羲之の聖教序、草書は十七帖、隷書は禮器碑だった。

3 中学生時代

秀樹は京都府立第一中学校（当時の中学は小学校卒業後の五年制）に入った。府立一中は、現在の京都府立洛北高校の前身だが、当時の敷地は第三高等学校の南隣にあった。また第三高等学校は後に京都大学に組み込まれた。その敷地は現在の京大吉田キャンパスの南側である。当時は、第三高等学校の数学の教授をしていた森外三郎が校長で、彼はイギリス留学の経験から、自治と自由の教育方針の下で生徒の自発的な学習を尊重していた。秀樹は、厭世的な面があり、無口だったが、森校長の方針は秀樹に合っていて、自由で幸福な学校生活を送った。

府立一中では、毎年夏になると、有志が三重県津市の海岸に水泳練習に出かけ、日本古来の観海流の平泳ぎを習った。秀樹は毎年参加した。三里（約一二キロメートル）の遠泳の試験に合格して、翌年は助教（先生の助手）になって、後輩の水泳を指導をした。

秀樹は、読書を習慣とする中で、だんだん学問を自分の一生の仕事とする気持ちが強くなっていった。小学校時代まで、「大学」、「論語」など中国の儒教の本を読んだが、中学にはいると、儒教にあきたらず、自分で「老子」や「荘子」を読み、自然をあるがままに見ている点に非常に魅力を感じるようになった。とくに荘子への共感は、生涯を通して続いた。

中学卒業後の進路について、父は、無口で目立たない秀樹のためには、高校・大学でなく、専門学校に進学させたほうがよいと考えたこともあったが、母がはっきりと反対し立ち消えになった。

高校では、文科と理科に分かれるので、受験に当たりどちらかを選ばなければならなかった。家庭的には、父が文科大学の地理の教授をしていたし、読書の傾向を見ても子どものときから、文系の環境に置かれていた。しかし、父は地質調査所にいた経験があるし、地理学には人文地理と、資源調査などの自然地理の分野がある。荘子は、自然を素直に観察するようにと説く。その上、秀樹は数学がよくでき、森校長からほめられたこともあった。何が最大の理由だったかは明らかでないが、結局、第三高等学校の理科を受験して合格した。当時は中学校五年卒業を待たずに四年修了で進学する道（四修制度）が開かれており、秀樹は四年で高校に進学した。

京都府立第一中学校学友会・同窓会誌（三五号　五六—五七頁）に、中学修了に当たっての秀樹の作文「勝敗論」が載っている。ここでは、「競争には必ず勝敗が生ずるが、現実の勝者は必ずしも幸福ではなく、敗者は必ずしも不幸ではない。真の幸福を得る者が、真の勝者なのだ。」という論旨が展開されていて、興味深い。

4 高校生時代

第三高等学校（湯川の入学当時の高校の制度については第六章参照）では、英語を第一外国語とする甲類とドイツ語を第一外国語とする乙類が置かれていた。小川秀樹は理科甲に入った。ドイツ語は第二外国語として学んだ。この年には、同じ中学から一年先輩の朝永振一郎も入学しているが、直接の接点ができるのは三年生になってからである。これについては後で述べることにする。

京都一中で校長だった森外三郎は、秀樹が三高にはいる前の年に、三高校長に赴任していた。秀樹は再び森から大きな影響を受けた。

英語もドイツ語も読めるようになった秀樹は、洋書専門の本屋に立ち寄り、ドイツ語や英語の物理の本を買ってきて、一生懸命読んだ。その中の一つ、アメリカの工学専門学校で広く使われていた、A. W. Duff の *A text-book of physics*（『物理学教科書』一九二一年）には書き込みが非常にたくさんあり、熟読の様子がみとめられる。さらに、後になっても、物理の基礎知識を確かめるために、この本を利用した証拠も残されている。さらに、プランクの力学 *Einführung in die Allgemeine Mechanik*（『一般力学概論』一九二一年）など、発行されたばかりの世界の代表的教科書を直接、外国語で自分一人で読んでいった。さらに、大学卒業後、日仏会館に通って、フランス語も学んだ。

三高で三年生の力学を担当した堀健夫は、新進気鋭の講師だった。理科乙類にいた朝永が甲類の堀の力学の受講希望を申し出たことで、湯川（当時はまだ小川姓）と朝永は初めて同じ教室で学ぶことになる。しかし、この頃はまだ二人の間に繋がりは生じていない。湯川は、物静かで目立たず、朝永は、あとで述べるように、この頃になっても、まだ病気がちであった。このときの成績が堀の手元に残されているが、朝永は第一学期から第三学期まで、試験のたびに一〇〇点でトップ。第二学期までは朝永以外に一〇〇点を取った者はいない。第三学期の試験は、朝永と秀樹を含めて一〇〇点を取った者が四人いる。秀樹の成績は、八七、八四、一〇〇点だった。堀は、秀樹のことを、義弟の朝永に「講義で習ったやり方では絶対にやらないで、いつも自分で考えた方法で解こうとしていた」と語っている。

三年生のとき、第一回の大学での専攻志望調査には、父の分野の「地質学」と書いたが、卒業間際になって、堀健夫と、京大で理論物理を研究していた西田外彦（哲学者西田幾多郎の長男）に相談し、「物理学」と書き直した。数学への興味は、教師の指導に飽きたらず、薄れていた。

後になって秀樹は、興味を持った老荘思想の、あるがままの自然を根本的に考えるという点に惹かれて、自然科学、その中でも一番基礎的な問題を追求する物理学に関心を深めていったと回想している。

5 大学生時代

序章で紹介したように、湯川と朝永が京大理学部物理学科に入学した一九二六年は、ミクロの世界の理論・量子力学が提出されたときだった。それからの数年間は、原子、分子から気体、固体、液体の性質が、量子力学を用いて、続々と解明されていった。

一年生のとき、長岡半太郎が京大に来訪して行った講義「物理学の今昔」を聞いて、感銘を受けた。このころ、ドイツで発行されたばかりのボルンの *Probleme der Atomdynamik*（『原子力学の諸問題』一九二六年）を買って読んだ。

図 1-4　京大物理学科の玉城嘉十郎教授（左）。右は、卒業記念の奈良への遠足。後列左から朝永、二人おいて湯川。

二年生のときには、シュレーディンガーの論文集『波動力学論文集』（一九二八年）が発行された。湯川はそれを購入して、没頭した。そして、ドイツのゾンマーフェルトの弟子ラポルテが来訪して行った数日間の量子力学（原子スペクトル理論）の講義を聴いた。このころの湯川は、教室の授業で勉強し、友人と議論すると言うより、内気で、あまり目立たずに、海外で発行される洋書を書店で入手してむさぼり読み、海外から帰国した研究者、海外から来訪する研究者の特別講義から新しい物理の息吹を吸収するという形の、授業より遙かに先を行く勉強を続けていた。

最終学年の三年生になって、湯川は量子力学の研究をすることにして、理論物理の玉城嘉十郎教授に指導を願いでた。玉城は流体力学や相対性理論が専門で量子力学は指導できないといったが、受け入れてくれたので、自力で自由に勉強した。研究室には、先輩の田村松平、西田外彦がいた。この年に、文学部の西田幾多郎の「哲学概論」を聴講。文系の学問への興味も失っていない。

卒業間際に、湯川と朝永を含む同級生九人が奈良への卒業記念遠足を行った。このころになっても、無口で学問に対してどん欲な湯川と健康状態が悪くて休みがちな朝永の間は、同じ方向を向いて歩んでいても、ペースが合っていない。二人が親友となり、厳しいライバルと意識するのはまだ先のことである。

6 振一郎の誕生

朝永振一郎は一九〇六（明治三九）年三月三一日、父朝永三十郎と母ひでの長男として東京小石川に生まれた。父は東京の巣鴨にあった真宗大学（後の大谷大学、現在は京都にある）の哲学の教授だった。翌年、父が京都大学文科大学の教授に就任したので一家は京都に移った。一九〇九年には父が海外留学したので、家族は東京に戻って母の実家に寄寓し、東京の今は文京区の幼稚園から誠之小学校に入った。一年の二学期のとき父の帰国で京都に移り、錦林小学校に転校、京言葉が分からず悩まされたという。

7 小学生時代

小学校で振一郎は数学が好きだった。校長は、それぞれの教師に自由に教育させる主義で、教師たちは文部省で決めたやり方でない教育を実験的にやってみるという傾向が強かった。

ある教師は、芋をもってきて立方体を作り、こうこう切ると八つの立方体になる、体積は八分の一になるといって見せてくれた。また理科の教師は演示実験をしてくれた。例えば、酸素を作って鉄を燃やす実験などである。

振一郎が小学二年のときだったというが、習字の教師に「お前は、なんてへんてこな字を書くのか」と言われたので、学校に行くのが嫌になった。でも、登校拒否は続けずにすんだ。「昔の習字(の成績)を見ると乙の下とか丙の上とか点がついている。それが、あるときから、なぜか甲の下になったからです」と後に書いている。

四年のとき『理科一二か月』という本のセットを父親が購入してくれた。「毎月一冊ずつ読め」といわれたが、次のが見たくて、こっそり引っぱり出した。この本には様々な実験の仕方が書いてあった。紙に梅酢をぬって便所で小便に落とすと色が変わる。赤インクで紙に絵を描いて白い壁において、じっとにらんで紙をどけると、同じ絵が緑色に見える、等々。雑誌『理化少年』からも知恵を借りた。

幻灯板の作りかたなどである。

小学校卒業のころ、友だちと図書館に行くことをおぼえ、『理科一二か月』の続きを見つけて、むさぼり読んだ。その本から、釘に被覆銅線を巻きつけて電信機を作ることを学んだ。電池は父親にせがんで買ってもらった。

8 中学生時代

一九一八年、朝永は京都府立第一中学に進んだ。中学に入学早々、病気で一学期間休学、二学期になって登校したが、英語で追いつくのに苦労した。父は、医者や学校の教師と相談し振一郎の学校生活を通じて健康の改善を試みた。

この学校でも、新しい数学教育が実験的になされていた。紙にいろんな三角形を描いて角度を測って足してみて、角度の和が一八〇度になることを見てから証明に入る。また、円い筒に糸をまいて長さをはかり、直径で割ってみろ、どうだ、いつも一定値になるだろう、といわれる。

家に帰っても、理科の遊びに熱中した。顕微鏡を買ってもらったが、倍率を上げたくて、ガラスをガスの火で熱して円いレンズを作った。倍率が三〇〇倍になって、古井戸の水にいるツリガネ虫がよ

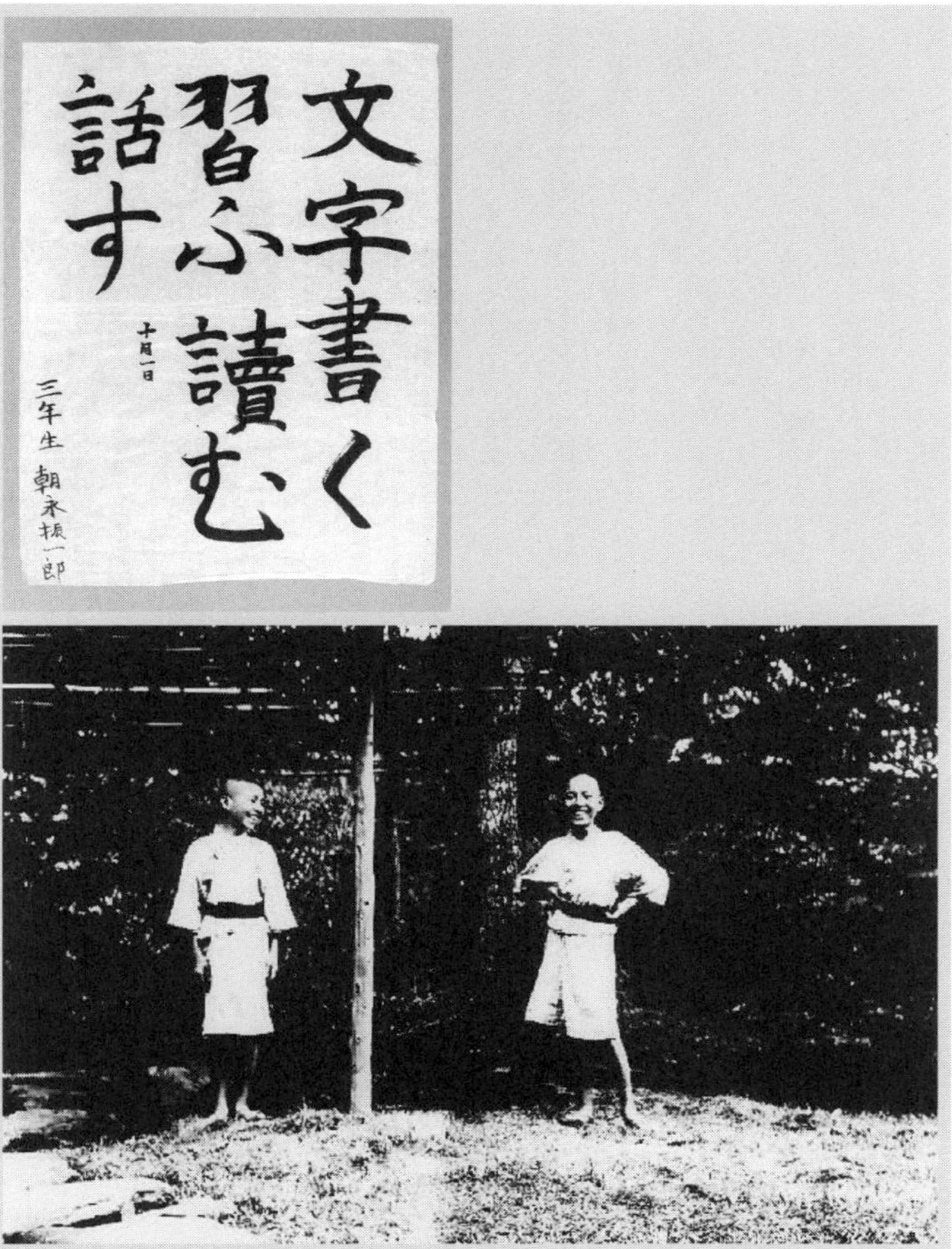

図1-5　（上）振一郎が小学三年生のときの習字。（下）理科実験に興味持っていた振一郎が撮ったトリック写真。蛇腹式写真機のレンズの半分ずつ遮って同じ人を同一画面に納めた。モデルは弟の陽二郎。

く見えたという。

父の書斎は子どもたちには立入禁止であったが、朝永は父の留守を狙って忍び込んだ。マイエルの百科事典の絵を見るためである。子どもから大人になりかける時代には、自分の生理やヴィナスに関する好奇心をこの本が少しばかり満たす役をした。

朝永は、中学に上がり、とくに上級生になってからは数人の友人と親しく交遊し、互いの家をしばしば行き来し、郊外へ遠足したり植物採集に行ったりした。こうした山歩きや野歩きは朝永にとって無理のない健康法であったのである。

一九二二年の晩秋、朝永が中学五年のとき、アインシュタインが日本を訪問しブームがおこった。京都にも来て講演した。何も分からないのに石原純の『相対性原理』（一九二一年）などを手にした。時間空間の相対性、四次元の世界、非ユークリッド幾何、これらに神秘を感じて朝永は魅了された。物理学とは何と不思議な世界をもっていることかと感じ、こういう世界の研究はどんなにすばらしいだろうかと思った。

9 高校生時代

一九二三年四月、中学五年を終了して朝永は第三高等学校に入った。先に述べたとおり、湯川は、中学では一年後輩だったが、中学四年修了で高等学校に来たので一緒の学年になった。クラスはちがったが、図学と力学の授業は湯川と一緒だった。

図1-6　中学生だった1922年、アインシュタインが日本を訪問した。11月17日に神戸上陸、京都、19日—12月2日東京、その後、仙台、日光、名古屋を経て、12月10日—19日と京都。宮島を観光して、24日に博多に入り、12月29日に門司から出航した。その間、各地で有料の一般向きの講演と大学での専門講義を行った。京都、知恩院の鶯張り廊下を石原純と歩くアインシュタイン。岡本一平描く。

朝永は、図学の理論は得意だったが、実技の墨入れには難渋した。「誰に見せるつもりだ」と先生に叱られた。「墨入れ」とは、鉛筆で書いた図形や文字を墨を含ませたペンでなぞって製図を完成させることだ。

力学は若い研究者である堀健夫が担当した。講義なしで演習のみであった。「演習」というのは先生のだした問題を解く訓練である。堀の問題は、技巧だけで解けるようなものではなかった。力学の本質の把握が必要だった。ここで朝永は思いもよらぬ着想を示した。

堀は、新しい量子力学のことをいろいろ話してくれた。電子が粒子でもあり波動でもあること、位置や運動量を行列で表す力学があること、などである。そして、いま日本の大学でやっている物理学は古くさくてダメだなどと話した。研究者の情熱が伝わってきて、おもしろそうだと思い、大学では量子力学を学ぶことにした。

化学の講義には失望した。教授は、ボーアの原子構造論を、さも新しいもののように「革命的な理論で自分にもよく分からぬ」と言いながら講義した。朝永はそれが一〇年も前の理論であることを知っていた。

また、朝永は数学が得意だった。その彼がある試験のとき、なかなか試験場から出てこない。「あんな問題に二時間もかけているか」と友人がいったら、朝永は「解答はいくつもある。どれが最もよいものか、問題を味わっていたのだ！」と答えたという。

10 大学生時代

一九二六年四月、朝永は京都帝大理学部に入学。研究者の情熱に感じて入った大学だったが、実験室は薄汚く、ほこりにまみれた古めかしい器械で細々とやっている実験は古くさいものであった。理論の講義は無味乾燥な数式の氾濫で、あんなに神秘的に思われた相対論も、物理的な肉付けも哲学的な考察もないまま教えられていた。電子が波動性をもっているとか、行列力学とか、若者の好奇心をかきたてる話の一かけらもなかった。

この退屈な教室にも、人を生き返らせるような新鮮な空気の漂う時間があった。数学の若い教師、岡潔と秋月康夫の演習の時間である。何日も考え続けて問題が漸く解けたときの喜びは創造の喜びに

図 1-7　大学生のとき数学演習の担任であった若い教師 岡潔（上 1901-1978）と秋月康夫（下 1902-1984）に魅了された。岡は後に多変数関数論の業績で、文化勲章を受章した。

近いものだった。この二人の魅力は自らの情熱を研究に捧げているところにあった。この二人の学者は、ときどき自身の研究について話してくれた。若い教師というものは、学生に内味を分からせるというよりも、自分の興味に溺れるところがあるものだが、それがまた生意気な学生にはたまらぬ魅力なのである。

大学三年になって卒業論文に量子力学を選び（当時の大学は三年で卒業）、湯川とともに玉城嘉十郎教授に指導を願いでた。湯川の場合と同じく玉城は「私は量子力学は分からない。指導などできないが、やりたいのならおやりなさい」と答えたが、量子力学にはハミルトン―ヤコービの理論が必要だからといってホイッテーカーの *A Treatise on the Analytical Dynamics of Particles and rigid bodies*（『解析力学』一九一七年）を一緒に読むゼミをしてくれた。朝永にとっても、量子力学の論文を読むのは大変だった。物理学でびっくりして、数学でびっくりして、びっくりさせられっぱなしであった。

この年、ドイツのゾンマーフェルトが京大でも講演をした。原子が光を出すボーアの話をしたとき演壇から落ちた。「このように電子も高い準位から低い準位に落ちるのだ」と言ったので、一同、大笑いとなった。

第2章 湯川の中間子論――未知の荒野へ

1 卒業して京大副手に　原子核の研究を開始

一九二九年に京都帝国大学を卒業した湯川（当時は小川）は、朝永とともに無給の副手として玉城嘉十郎研究室に机を並べた。玉城教授自身の専門は相対論と流体力学だったが、湯川と朝永は量子力学を専攻することに決めた。湯川は、二つの問題を研究テーマに選んだ。一つは相対論と量子力学を組み合わせたハイゼンベルクとこの年に発表されたパウリの理論を発展させること（無限大の出てこない「場の量子論」を作ること）であり、もう一つは謎につつまれた原子核を解明することである。

当時知られていた基本的粒子は、水素の原子核である陽子と、電子だけだった。光の量子として光子が存在していたが、原子核の構成要素にはならない。原子核はベータ崩壊で電子を放出するので、原子核と電子の問題は、原子核解明の手がかりになるはずだと考えられていた。ところが、電子を小さい原子核の中に閉じ込めることは、量子力学では説明できない。

この年の九月にハイゼンベルクとディラックが一緒に来日し、東大と理化学研究所（理研）で六日間の学術講演会を行い、京大でも講演を行った。湯川は、熱心に聴講した。

湯川は、ディラックの電子論を使って、原子スペクトルの超微細構造を調べる問題と取り組んでいだ。ところが、翌一九三〇年フェルミがもっと先に進んだ「原子核の磁気能率について」という論文を発表してしまったので、この問題を放棄し、ベータ崩壊の問題に研究を転じた。

「原子核内の電子問題」は混迷を深め、一九三〇年五月には、ボーアが、ロンドンでのファラデー講演「化学と原子構造の量子論」で、原子核の中の電子にはエネルギー保存が成り立たないかもしれないという考えを発表するまでになっていた。

一九三一年春には、仁科芳雄が、京大で一〇日ほど連続特別講義を行った。内容は、出版されたばかりのハイゼンベルクの『量子論の物理的基礎』（一九三〇年）の解説が中心だった。熱心に質問をしたのが、湯川と朝永だった。ある日、二人は、仁科の宿舎で、偶然来合わせた京大の学生坂田昌一を紹介された。坂田は仁科の親戚だった。このときから、湯川、朝永と仁科、坂田との間の生涯続いた絆ができた。

これまでに述べた人たちの他にも、ゾンマーフェルトなど西欧の物理学者が京都で講演した。海外留学から戻った荒勝文策、杉浦義勝も、相次いで新鮮な講義を行った。湯川は、来訪する内外の物理学者たちから「何物にもまして感銘深く」講演を聴き、「計りしれない深い影響」を受けたと回想している。

2 京大講師、結婚し湯川姓に、仙台の学会で初講演

一九三二年四月初めに、湯川胃腸病院長湯川玄洋とミチの末娘、スミと結婚して、秀樹は小川姓から湯川姓に変わり、大阪に居を移した。この直前に京大理学部講師になり、量子力学の講義を担当した。学生たちの中に、後に研究協力者になる坂田昌一、小林稔がおり、翌年の学生には武谷三男がいた。朝永は、研究生として理研の仁科のもとに移った。

この一九三二年は、後になって物理学の奇跡の年と言われたほど、大発見が続いた。陽子とほとんど同じ質量を持った中性子が発見され、原子核は陽子と中性子からできているというハイゼンベルクの理論が発表された。プラスの電気を持った陽電子の発見もこの年である。

湯川は核力の原因について考察を始め、一九三三年三月の日付のある、メモと計算を残している。そこでは、「電子と陽子と中性子の理論」と書き、四月には、東北大学で開かれた日本数学物理学会の年会で「核内電子の問題について」と題して初めての学会発表を行った。湯川は、中性子が電子を放出して陽子になり、陽子が電子を吸収して中性子になるのが陽子と中性子の相互作用ではないかと考えた。電子交換による力だが、これらの粒子がフェルミ粒子であるため、矛盾のない理論を作れないことを確かめている（量子力学の対象になる粒子は、何個でも同じ状態に存在することができるボーズ粒子と、一つの状態には一つの粒子しか存在できないフェルミ粒子に分かれる）。

この講演の予稿に、湯川は「電子には質量があるから、中性子と陽子の距離が大きくなれば相互作用の強さは急激に減少することが予想される」と書いていたが、講演原稿には、「実際計算してみると出てこない」と書いている。

3 大阪大学講師　中間子論の誕生

この学会の際に湯川は、東北大にいた長兄小川芳樹の紹介で、東北大から新設の大阪大学物理学科主任に転任する八木秀次を仙台の自宅に訪問した。芳樹は、湯川を阪大に移らせようと思っていたのである。八木の熱意を聞いて、湯川はすぐに阪大で勉強させて貰いたいと思った。

一九三三年五月に、湯川は大阪帝国大学理学部の常勤講師を委嘱された。この年には京大の講義も続けていた。阪大の建物が完成し、「湯川研究室」という名札のかかった部屋に落ち着いたのは一九三四年四月だった。これと同時に原子核実験の菊池正士が教授として着任し、坂田昌一が理研から副手として移り、九月には助手となった。「阪大理学部は、年若い教授が多く、実に精気溌剌としていた」、「ここにいると、何か仕事をせずにおられないような気持ちになる」と湯川は書いている。

一九三四年四月には東大から伏見康治も着任した。伏見は、東大から借り出したイタリアの雑誌*Ricerca Scientifica*（リチェルカ・シエンティフィカ『科学研究』）を湯川に示した。そこにはフェルミの「ベータ線放出理論の試み」が載っていた。湯川はすぐに、このイタリア語の論文の内容を研究室で紹介した。原子核から電子が放出されるベータ崩壊は湯川が考えてきた問題である。フェルミの理論の詳報は、ドイツの雑誌に出た。エネルギーが保存しないというボーアの考えを否定し、パウリが仮定した新粒子ニュートリノを使って、エネルギー保存を維持していた。湯川は、初めてニュートリノのことを知り、再びフェルミに先を越されたと思った。

湯川の苦闘は続いた。この年の九月には、室戸台風が来て大きな災害をもたらし、湯川家では次男が生まれるなど、湯川にとっては夜も落ち着いて寝られない日々だった。電子の二〇〇倍のボーズ粒子のアイディアがひらめいたのは、一〇月初めの夜だったと、湯川は自伝「旅人」に書いている。

ここからは、一気呵成だった。一〇月二七日に阪大菊池研で発表、一一月一日から英文原稿を書き始め、一一月一七日には東大で開かれた日本数学物理学会常会で正式発表、一一月三〇日には、数回にわたって書き直した論文を、この学会の欧文誌に投稿するという早業だった。

ここで作られた中間子論は、⑴相対性理論の要求を満たす新しい方程式、⑵原子核の大きさ程度の小さい領域だけで働く力、⑶電子の二〇〇倍の質量を持つ中間子の存在、⑷核子（陽子と中性子の総称）の間に中間子を交換することによって働く力、⑸中間子交換によるベータ崩壊理論、⑹見つかるとすれば宇宙線の中、という内容からなる画期的な新しい相互作用の理論だった、

一九三四年一一月一七日の日記には、「朝六時四十分起床。講演準備。十一時半ホテルを出て、駅に荷物を預け、丸ビルで昼食。数物は一時半開会。五時前小生講演。六時前に終わる。仁科さんの激励あり。朝永、小林両君に新橋しほ屋の金ぷらを御馳走する筈が馳走になり、七時十分発の急行にのる。両君見送。空席多く楽々と帰阪」と書き残している。

4 中間子論の展開

最初、仁科、菊池、朝永たち以外には湯川の理論に注目した者はいなかったが、湯川は数年にわた

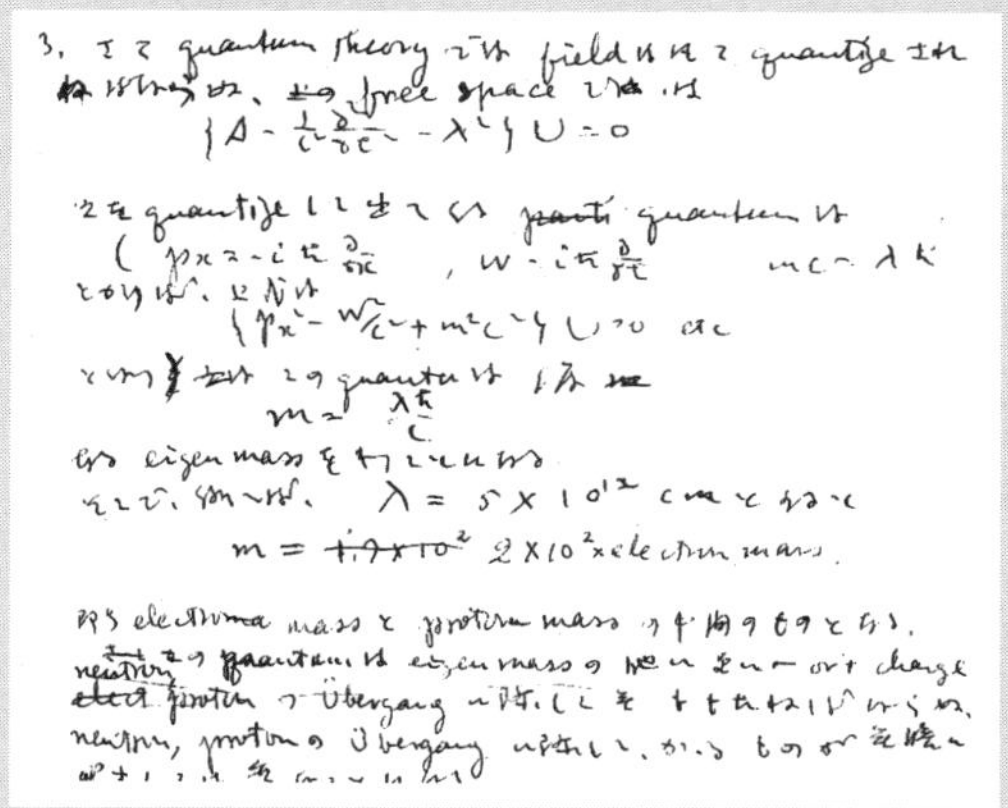

図2-1　中間子論の考えを記した論文草稿

る積み上げから、これ以外の理論はあり得ないという自信をもっていた。論文の題にはⅠと書かれ、「詳しくは次の論文で」と述べた。しかし、坂田との共同の第Ⅱ論文が完成するのは三年後の一九三七年一一月である。それまでの間、菊池研究室に協力して、軌道電子捕獲を予言する原子核物理の論文を次々に発表する。しかし、一九三五年には「素粒子の相互作用についてⅡ」という単独の学会での講演も行っている。残されている資料によると、一九三六年には、中間子論の論文の続編を書き始め、宇宙線の霧箱写真を解析していることが分かる。

一九三六年には、湯川の初めての著作「β線放射能の理論」が出版された。ここでも自らの理論を展開し、特別の場合にフェルミの理論と一致すると述べている。

一九三七年一月には、書きかけの論文Ⅱを二つに分けることにして、Ⅱでは中間子の性質をスカラー場、Ⅲではベクトル場として追求することとした。Ⅱが坂田昌一との共著で学術雑誌に投稿されたのは一九三七年一一月一〇日である。Ⅲが坂田・武谷三男との共著として完成するのは一九三八年三月一五日だが、原型がここでできていたことが残された記録でみられる。これとともに、英国の雑誌『*Nature*（ネイチャー）』に「核力とベータ崩壊の一貫した理論」として中間子論の要点をまとめた小論文を送った。第Ⅰ論文の要点から新たに調べたベクトル場の性質、米国での宇宙線の霧箱写真についての解釈まで含んでいる。しかしまもなく、実験による支持がないという理由で『ネイチャー』からは送り返されて来た。

四月一五日にはボーアが来日して、一か月余り滞在した。仁科に紹介されて、湯川は中間子論を説明したが、ボーアの支持は得られなかった。

ところがボーアの離日直後、米国のアンダーソン、ネッダマイヤーのグループ（三月三〇日論文投稿）と日本の仁科、竹内柾、一宮虎雄のグループ（八月二八日論文投稿）、米国のストリート、スティブンソンのグループ（四月二九日学会発表、一〇月六日論文投稿）が、霧箱を使って、宇宙線中に電子より重く陽子より軽い粒子が存在することを発見したというニュースが相次いで届いた。これを受けて、すぐに米国とスイスの研究者と日本の湯川が、先の湯川理論の論文を引用して、理論的解釈の速報を発表した。七月五日に数物学会誌の編集部に届いた湯川の論文は、ネイチャーから送り帰されてきた論文に最小限の手直しを加えたものだった。

八月一九日には理研で、「重い量子の理論について」講演をしたが、このときにはすでに、米国とスイスの研究者から宇宙線粒子の解釈についての論文は手元に届いていた。この段階での第Ⅱ論文原稿は、まだ単名のままである。そこには陽子と中性子の磁気能率について坂田が別の論文で述べると書いている。その直後に、坂田と連名にすることに踏み切り、九月二五日の数物学会大阪支部常会で連名で「素粒子の相互作用Ⅲ」の講演を行い、その一部を第Ⅱ論文として一一月に投稿した。これ以前から武谷も含めた討論が行われていて、一一月の日付のある三人の第Ⅲ論文もまとめ始めている。

宇宙線に日本名

YUKON＝湯川博士の學説

隠忍三年 遂に世界制覇

図 2-2　1937 年、湯川が予言した質量の粒子（ミュー中間子）が宇宙線中に発見されたことを報道する新聞（大阪朝日新聞）。

英国のグループが湯川理論と宇宙線の実験結果を知って追跡を始め、一九三七年一一月から一九三八年二月にかけて次々に論文を書く。論文ができるとすぐにコピーを作って相手に直接送るという競争になった。

一九三八年四月に東大で開かれた数物学会年会では、湯川は「委員の方々のご好意によって……時間に制限なくお話させていただけ」ることになったとして、中性子の発見から第Ⅲ論文までの成果と問題点を述べ、残された問題として、

中間子の場と軽粒子（電子とニュートリノ）の相互作用の問題

ベータ崩壊の問題

中性中間子の導入

を挙げ、時間があるからこれらについても述べるとして話しを続けた。これらが、一九三八年八月二日に数物学会誌の編集部が受理した湯川・坂田・小林稔・武谷の連名の第Ⅳ論文の主要部分になっていく。

三一歳の湯川は一九三八年一〇月一〇日に服部報公賞を受賞した。この二日前の各紙夕刊が、湯川の業績を大きく取り上げ、談話も掲載した。「「物理日本」の誉れ　世界の発見　原子「新粒子」に輝く公認　湯川博士（阪大）へ「服部賞」」、「宇宙線に日本名　YUKON—湯川博士の学説　隠忍三年

図 2-3　恩師玉城嘉十郎の急逝で、1939 年、湯川は後任の京大教授となった。右から湯川、坂田昌一。

ついに世界制覇」、「阪大の一物理学者　一躍世界的学者に　宇宙の謎とく重電子の発見者　湯川博士の偉業認められる」等の文字が新聞を飾った。この日を境に、湯川は、突然学界の外の社会でも広く知られるに至り、講演や執筆の依頼を相次いで受けるようになった。

帝国学士院恩賜賞を受けるのは一九四〇年、文化勲章を受章するのは一九四三年である。

阪大の湯川研究室の規模が最大になったのは一九三八年四月だった。湯川はすでに一九三六年三月末に助教授になっており、一九三八年には坂田が講師になった。小林もこのときに講師として理研から着任した。武谷は無給副手に発令された。この年に卒業した岡山大介と斐在黙が加わり、学部三年の谷川安孝も湯川研で卒業研究を行うことになった。

しかし、第Ⅳ論文完成の少しあと、九月一三日から翌一九三九年四月二二日まで武谷は当時の言論弾圧政治のもと、進歩的思想の持ち主として警察に留置され、その間に副手の地位を失い、一九三九年五月には、玉城教授の後任として湯川は京大教授になり、坂田・谷川とともに京大に移り、大阪大学湯川研究室は幕を閉じたのだった。

5 湯川理論の欧米への波及

湯川とそのグループの研究活動は、急速に世界で知られるに至った。一九三八年六月にはワルシャワで国際会議「物理学の新理論」が開催されたが、その記録を見ると、この国際会議には出席もしていない湯川の名が一二か所にあらわれている。湯川理論への世界の注目度を表している。

湯川は、一九三九年四月に第八回ソルベイ会議（ブリュッセル、一〇月下旬開催予定）への招待状を受け取った。テーマは「素粒子とその相互作用」。ソルベイ会議はベルギーの有名な化学者ソルベイが創立し、一九一一年から数年に一度ずつ開かれており、招待者だけが参加し、討論を行う会議である。湯川以前にアジアから招待された者はいなかった。それからまもなく、九月末に予定されていたドイツ物理学会、九月初めのスイスでの国際物理学会からも講演依頼が届いた。

図 2-4　1939 年、欧州戦争勃発で在留邦人は欧州から退避した。サンフランシスコから日本に向かう鎌倉丸甲板で。前面右から湯川、野依金城夫妻。野依金城は 2001 年ノーベル化学賞受賞者野依良治氏の父。

仁科が奔走し、理化学研究所が旅費を用意してくれて、六月三〇日に靖国丸で神戸港を出航した。八月二日にナポリに上陸、四日にはローマ大学を訪ねたが、夏休みでフェルミは不在、列車で七日ベルリン着。講演原稿作成と会話の稽古をして過ごしていたところに、ライプチヒ大学に来ていた朝永が尋ねてきてくれた。一緒にライプチヒを訪れたが、ハイゼンベルクは不在。日本の雑誌が図書室の目につくところに置かれて、よく利用されていることを知って、心強く思いつつベルリンに戻った。

ところが二五日早朝、（第二次世界大戦直前の）風雲急のため直ちにハンブルク港に入港している靖国丸に避難するようにとの勧告が日本大使館から届き、この日のうちにハンブルクに行く。靖国丸は翌日出航。朝永は出航直前に乗船した。二八日にノルウェーのベルゲンに入港、ここで国際情勢の動向を見ながら待機していたが、九月一日にドイツがポーランド侵攻、三日に英仏がポーランドを助けて、ドイツに宣戦布告。靖国丸は四日に出航、米国経由で帰国と決まる。

九月一四日にニューヨーク着、湯川は下船した。一五日にはコロンビア大学でフェルミに会う。それから連日のように、米国各地の大学・研究所を精力的に訪問、討論と視察と講演の日が続いた。一部を挙げれば、二一日にはプリンストンでアインシュタインを自宅に訪問、二三日にワシントンのカーネギー研究所で、ソルベイ会議中止を知る。二七日にはボストンで、宇宙線中間子の実験をしたストリートに会う。一〇月六日には、ロサンゼルスのカリフォルニア工科大学で、宇宙線中間子実験のアンダーソンとネッダマイヤーと討論。翌日はここで講演。九日から一二日までバークレイでオッペンハイマーやローレンスなどに会う。一〇月一三日にサンフランシスコで鎌倉丸に乗船し、一〇月二八日に横浜港に帰国した。

夏休み中のヨーロッパでは、誰にも会えなかった湯川だが、秋のアメリカでは、中間子論の生みの親として、大いに歓迎されたのだった。湯川はこのとき三二歳である。

6 理研の中間子討論会

このころ、核力の中間子と宇宙線中の新粒子を同一粒子だと考えると、自然崩壊の寿命の実験値は理論値の一〇〇倍となり、宇宙線粒子の原子核との散乱の観測値は、理論値より遙かに小さくなるという矛盾が次第に判ってきた。湯川は、中間子理論と宇宙線中の新粒子の性質についての矛盾に対して、かねてから気がかりだった場の量子論を基礎から作り直そうと考えるに至る。

これより先一九三七年八月に、仁科は、阪大の湯川たち理論家を理研に呼んで、宇宙線の実験家と討論する機会を作った。これがもとになって、「理論の会」、「迷想会」、「メソン会」、「中間子討論会」などの名で呼ばれる自由な討論の場が、仁科、朝永、武谷たちの肝いりで一九四一年に誕生し、一九四四年まで続くことになる。

第一回の理論の会は、理研の学術講演会があった機会の一九四一年六月一二日に開かれ、朝永の話や坂田の中間子の寿命の話などを材料にして、自由討議を行った。第二回の理論の会はこの年の一二月に開かれて、武谷の中性中間子の問題などが取り上げられた。次の一九四二年四月の会は迷想会とよばれ、湯川の報告が中心だった。

湯川の講演メモが、研究室日誌（一九四二年四月二四日）に残されている。

湯川は、ある座標系での二つの時刻（無限に延びた二本の水平線）の間の領域から、空間的に（左右に）かぎられた矩形の領域を考え、これを特定の座標系によらない丸い領域に変えて、（点ではなく大きさを持った）この微小領域（マル）の中で、無限大の出てこない場の量子論を構築しようと試みた。

その後も湯川は会合の度毎に、黒板にマルを書いて、この領域の中で理論を変革する試みを話し続けた。この延長線上に、非局所場理論（一九四六年—一九六五年）、素領域理論（一九六五年—一九六八年）が登場した。

次の迷想会は、一九四二年六月、坂田と谷川の新理論の検討が行われた。核力の中間子が崩壊して宇宙線中間子になるという谷川の構想について、坂田は宇宙線中間子がフェルミ粒子の場合、谷川はボーズ粒子の場合を分析した。二中間子論である。坂田の結果は、井上健とともに日本数学物理学会誌に日本語で発表。第二次世界大戦後の一九四六年になってから英訳した論文が発表された。谷川の結果の発表は一九四七年になった。

次のメソン会では宇宙線が議論され、その次の一九四三年六月の中間子懇談会では朝永の話があった。題目は残されていないが、時期から見て、湯川のマルの話から手がかりを得て作り上げた超多時間理論だったろうと思われる。これが後のくりこみ理論に繋がる。

一九四三年九月には、講演者があらかじめ詳しい原稿を作り、それをプリントして全国の研究者に配るという形で準備が進められた。第二次世界大戦中の研究の総決算になった。この記録は、戦後の一九四九年になって出版され、当時の研究者の多大な影響を与えた。

翌一九四四年一一月に千葉の東大第二工学部で開かれた学術研究会議の素粒子班発表会では、多くの講演者が超多時間理論、中間子論、「マル」の話しを取り上げたが、その後、理研は空襲で壊滅し、学会誌の発行も戦災でとまり、戦後まで彼らが集まる機会はなかった。湯川は一九四二年から一九四六年までは東大教授を兼任していたが、空襲直後の交通途絶の中を品川から東大まで歩いて行って講義したこともあった。

7 パイ中間子の発見　ノーベル賞

一九四七年になって、イギリスのパウエルたちがとった宇宙線の飛跡写真により、湯川の中間子理論と坂田・井上の二中間子理論の正しさが確認された。

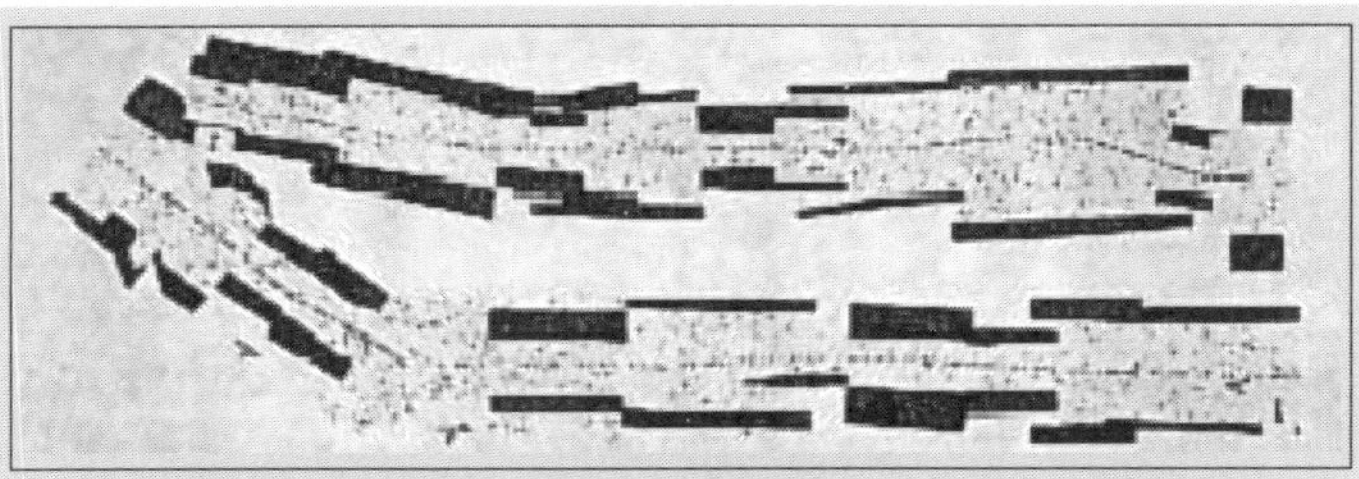

図 2-5　1947 年、イギリスのパウエルは宇宙線の飛跡中に湯川中間子（パイ中間子）を発見した。図はパイ中間子がミュー中間子に崩壊する様子が見られる原子核乾板。翌年には加速器でもパイ中間子が検証され、1949 年のノーベル賞に繋がった。

彼らは、荷電粒子の飛跡に高感度な写真乾板（原子核乾板）を使って、アルプスとボリビアの山上で宇宙線粒子崩壊の飛跡の顕微鏡写真撮影に成功したのである。大気圏の上空で作られた湯川の中間子（π　パイと命名）が、一九三七年に発見された中間子（μ　ミューと命名、今日のミュー粒子）に自然崩壊していた。彼らは、さらに改良された写真乾板を使い、πがμを経て電子eに崩壊している証拠を得た。

湯川がノーベル賞を受賞したのは、それから間もない一九四九年であり、湯川は一九四八年の九月から一年間滞在したプリンストン高等研究所から客員教授としてコロンビア大に移った直後だった。パウエルも湯川中間子発見の業績で一九五〇年のノーベル賞を受けた。

湯川の研究上の関心はその頃すでに場の量子論の根本的解決に向いていた。それは非局所場理論と呼ばれるものであるが、一九六六年にはその線上に素領域理論を提起した。しかし、これらの一種の〝革命路線〟は素粒子の相互作用を解明するという研究状況からは乖離したものであった。第八章で簡単に触れるように、一九七〇年代末に完成した素粒子相互作用の「標準理論」は革命路線ではなく、朝永らのくりこみ理論と〝改良路線〟で達成されることとなった。

（この章の記述は、河辺六男との共著「中間子論の誕生」（日本物理学会誌一九八二年四月号）に基づいている）

第3章　朝永のくりこみ理論——場の量子論の完成

1　京大副手時代

一九二九年四月、朝永は大学を卒業し、玉城研究室の無給副手となって大学に残った。研究室では先輩の田村松平、西田外彦が量子力学を勉強していた。さて、何をやればよいか、論文の洪水の中で暗中模索が続いた。湯川は量子力学の次は原子核と場の量子論だと見通しをつけていた。湯川とは同じ部屋だったが、彼は考えに熱中しだすと部屋の中をぐるぐると回り始める。これにはいらいらさせられ、朝永は図書室に逃げた。

当時、朝永にとって、ハイゼンベルクの行列力学は本当に難解だった。行列は目新しい数学の道具であり、見慣れない演算の規則にも慣れなければならない。行列力学では電子の位置も運動量も無限次元の行列で表されるというので、無限次元行列の固有値問題の勉強でも大苦労した。しかしそれ以上に行列力学の物理的な意味が分からなかった。電子の位置座標は行列だというが、ウィルソン霧箱という放射線の検出器を使うと電子などの荷電粒子が飛んだ道筋に霧粒ができて飛跡が見える。つまり電子の刻々の位置は見ることができる。なのに、何故、位置座標が無限の数の行列で表されるというのだろうか……。

シュレーディンガーの波動力学は、まだ分かりやすかった。彼の論文集を勉強したと朝永は言っている。この理論はハイゼンベルクが行列力学を提唱（一九二五年七月末）してからほぼ七か月後の一九二六年二月末に提出されたもので、電子は波動で表わされるという理論である。その意味は、電子が位置xに見出される確率がxにおける波動の強さ$|\Psi(x)|^2$（波動の振幅の二乗）で与えられるということだという。この理論での「波動」は以前から知られていた形の微分方程式を解いて決めるので、物理学者にもなじみやすいのだった。クーラン―ヒルベルトの物理数学の本などで朝永は勉強していた。

一九二九年九月、ハイゼンベルクとディラックが東京で集中講義した。その通知が理化学研究所から日本中の大学に伝えられ、それを見て朝永も聴講に上京した。ハイゼンベルクは強磁性体の理論と

コラム 2　行列

数学で行列というのは

$$A=\begin{pmatrix} a & b \\ c & d \end{pmatrix}$$

のように数 a, b, c, d を並べたもの。これは 2 行 2 列なので 2 次元の行列である。無限次元の行列とは行も列も無限個あるものである。行列力学では電子の位置も運動量も無限次元の行列で表わされる。

行列の計算規則は次のようである。例えば電子の運動量が

$$p=\begin{pmatrix} a & b & \cdots \\ c & d & \cdots \\ \cdot\ \cdot & & \cdots \\ \cdot\ \cdot & & \cdots \end{pmatrix}$$

で表わされるとき、運動エネルギー $p^2/(2m)$ は

$$p^2/(2m)=1/2m\begin{pmatrix} a^2+bc+\cdots & ab+bd+\cdots \\ ca+dc+\cdots & cb+d^2+\cdots \\ & \cdot \\ & \cdot \\ & \cdot \\ & \cdot \end{pmatrix}$$

となるような見慣れない計算規則である。

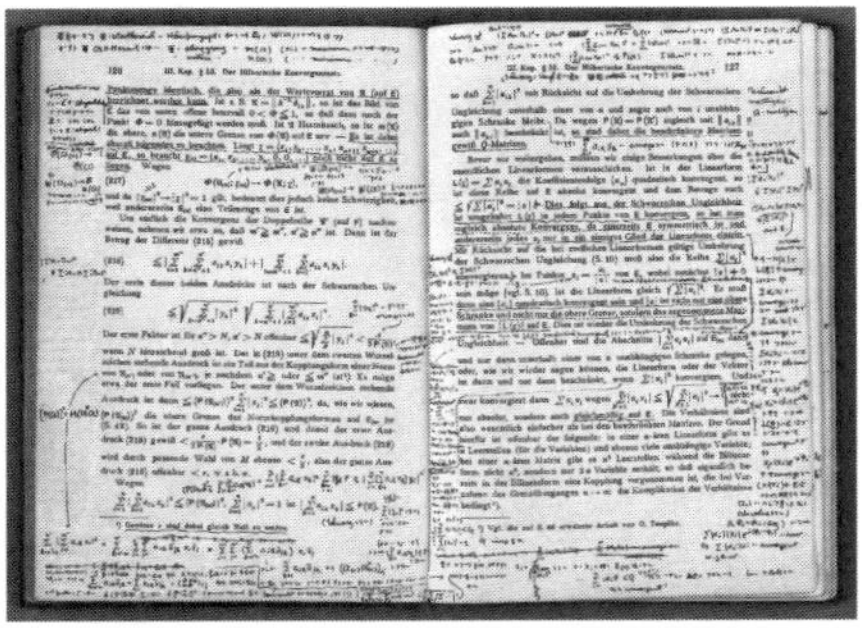

図 3-1　量子力学のために学んだウィントナー著「無限行列のスペクトル理論」には、朝永のおびただしい書き込みがある。

電気伝導の理論、そしてパウリとの協同研究である場の量子論、ディラックは統計力学の基礎という話と相対論的な電子論を話した。いずれも非常に専門的な、当時としては最先端の講義であった。

コペンハーゲンのボーアの研究所に四年半滞在して一九二八年一二月に帰国した仁科芳雄が一九三一年五月、京大を訪れ量子力学について講義した。物理的肉付けと哲学的背景をたっぷりもった講義で、強烈な印象を受けた。仁科は質問にも気さくに答え、朝永を東京の理化学研究所の理論分野の助手になるようにと誘った。

図 3-2　1929 年 9 月、量子力学の創始者ハイゼンベルクとディラックが日本を訪問した。

2　理化学研究所

一九三二年五月、朝永は仁科に誘われ、試しに理化学研究所を訪問した。驚いたことは、その自由な空気であり、東京の連中の頭の回転の速さであると、朝永は回想している。セミナーはこの遠慮のない、血のめぐりの速い連中のまったく形式も儀礼も無視した討論で、生き生きと進んでゆく。海外研究から帰ってきたての人々の新鮮な雰囲気がまた大変に印象的であった。

この空気の中で理研に移った朝永から京都時代の重苦しい気分は消えていった。東京では、朝永の健康も回復し、仲間に誘われ寄席、ハイキング、演劇、音楽の味もおぼえた。

この一九三二年は発見の年だった。中性子が発見され、陽子とともに原子核の構成要素とされた。宇宙線の中に陽電子（正の電荷をもつ電子）が発見された。また加速装置で加速した粒子を当てて原子核が破壊される実験にも成功した。

一九二八年にディラックが提案した相対論的な電子の方程式から正の電荷をもつ電子の存在が結論されていた。これが宇宙線の中に発見された陽電子なら、陽電子はガンマ線が物質を通過するときできるものとなる。

ヨーロッパやアメリカでもこれを確かめる計算をしているに違いない。朝永は仁科芳雄、坂田昌一と御殿場の東山荘（ＹＭＣＡの寮）に合宿して急いで計算に取り組んだ。計算は難航したが、みごと解決して鼻高々だった。計算は午前中だけで、午後にはクロッケー、夕食後は中学生を集めゲームに興じた。経験したことのない楽しさだった。この計算で得た公式はハイトラーの『輻射場の量子論』（一九三五年）に引用されている。一九三六年の夏には、朝永は涼しい軽井沢に玉木英彦、小林稔と合宿してディラックの *The Principles of Quantum Mechanics*（『量子力学』第一版一九三〇年）を翻訳した。午前中に各自が下訳をして、午後に読み合わせをし、夜に清書する。言葉の好みがちがうので、よくお互いに喧嘩した。

一九三七年四月、デンマークの大物理学者ボーアが来日した。ボーアの量子論的原子構造の発見（一九一三年）は、物理学界の革命的な出来事であって、アインシュタインの相対性原理の発見と同様、天才の深い洞察を必要とした。このころ、ボーアは次のような核反応の複合核模型を考えていた。原子核は強い力で結びあった多数の粒子からなるので、中性子が核に飛び込むと、そのエネルギーは多数の粒子に分配されて原子核の温度を上げる。そして揺らぎによって、大きなエネルギーがたまたま一つの中性子あるいは陽子に集まると、その粒子が原子核から飛び出す。

図3-3　1936年夏、ディラック著『量子力学』の翻訳のため軽井沢に合宿。

図3-4　朝永はボーアの複合核模型にも興味を持った。写真は1937年に日本を訪問したときのボーア（右）と菊池正士（壇上）と仁科芳雄。

3 ドイツ留学

一九三七年、朝永はドイツとの交換留学生としてライプチヒ大学のハイゼンベルクの下へ留学した。ドイツでの生活ぶりは「滞独日記」（著作集別巻二）に詳しく書かれている。その叙述は憂愁の風情をたたえ、病弱で多感な若い科学者の悶々とした生活を思わせるが、その試行錯誤の中から後年の優れた研究の着想がすでに芽生えていたようだ。

朝永はまず、ボーアの複合核の考えを確かめるため、原子核に与えられたエネルギーが核内に拡がる様子を調べた。ハイゼンベルクは、はじめ湯川の理論を疑っていたが、宇宙線の中にそれらしい粒子が見つかってからは大変興味をもち、それについての講義を始めた。朝永も湯川理論の計算を試みるがうまくいかない。仁科から「業績が上がるか否かは運です。努力して運を待て」という手紙をもらって涙がでた。

湯川の理論では中間子が速く壊れ過ぎる。朝永は新しい理論を試みた。ところが、計算したら積分が発散し無限大になった。中間子が壊れる確率が無限大になって意味をなさない。この種の発散は初めてだと思ってハイゼンベルクに言ったら、彼も電子の問題で同種の発散に悩まされていた。（この点については序章を参照。）

ハイゼンベルクとの討論により「場の反作用」の重要性が叩きこまれた。場Aが場Bに作用すると き場Bが場Aに返す反作用が無視できない。蛇が自分の尻尾をかむようになる。

こうした中、一九三九年八月末、突然、日本の領事から電話で「時局険悪につき日本人はドイツから立ち退く」と知らされ、一夜で荷物をまとめ港に急ぎ、帰国の船に乗る。間もなくヨーロッパで第二次世界大戦が勃発した。

4　中間結合の理論

一九三九年に帰国した朝永は、一九四〇年に結婚する。婚約中の日記には、次のように書いてある。「桜台で一軒、家をみてくる。帰り、彼女と茶をのむ。彼女の顔を少しよく見てやれと思って見る。歯がとても小さいのがならんでいる。」一九四一年、東京文理科大学（筑波大学の前身）教授になった。この年の一二月に太平洋戦争が始まった。

このころ、中間子論は観測との矛盾に悩まされていた。陽子と原子核の衝突では中間子がしばしば生成する（中間子と原子核は強く作用しあう）のに、中間子は原子核にそれほど強く衝突しないのだ（中間子は原子核と強く相互作用しない）。これはどうしてであろう？

湯川は、場の理論が根本的に間違っていると主張し、マルの理論を唱えた。場の理論は任意の時刻での場の状態を知ると後の時刻の状態も知ることができるという形をしているが、あらゆる空間点の場の値など知る由もないというのだ。

朝永は、場の理論は間違っていない、その方程式の解き方（近似法）が悪いのだと考えて改良し、中間結合の理論を立てた。ハイゼンベルクに叩き込まれた場の反作用を考えに入れると衝突が弱くなるというのだ。坂田は中間子は単に二種類あるのだと考えた。湯川、坂田、朝永、三人三様の考えが出されたところがさすがである。

実験は坂田に軍配をあげた。天から降ってきた宇宙線が高空で空気の原子の原子核と衝突して（原子核と強く相互作用する）中間子（パイ中間子）を作り、それが空気中で原子核と強く相互作用しない種類の粒子（ミュー粒子）に壊れて地上に降ってくるのだった。朝永の中間結合の理論は後になって、一九五七年、超伝導のＢＣＳ理論に応用される。シュリーファーがいろいろ試みた末に、ふと思い出したのだという。

5 超多時間理論とくりこみ理論

朝永は場の反作用の研究を続けた。当時、電子の質量を計算すると無限大になることが大問題だった。電子の周りの「真空」が実は真のカラッポではなく、電子の電荷が電場を作り、電場は電子と陽電子の対を作り、それらがまた電磁場を作る。そのため電子の周りの真空がエネルギーをもち、電子のエネルギーが無限大になる。そうすると、アインシュタインの公式 $E=mc^2$ により電子の質量も無限大になる。それればかりでなく、場の量子論を用いて電子の衝突を計算すると、あちこちに無限大があらわれる。

場の理論では、電子と電子が力を及ぼし合うのは光子をキャッチボールすることによる。ところが、その光子が相手の電子に届く前に電子と陽電子の対を作ることがある。その電子がまた光子を出す。この複雑な過程を計算すると電子の衝突確率が無限大になる。

朝永は湯川のマルの考えを検討しマルをレンズ型で置き換えることによって相対論的な場の理論である超多時間理論を考えた。これによると計算にあらわれる無限大は、電子の質量の変化 $m_0 \rightarrow m_0 + \delta_m$ と電荷の変化 $e_0 \rightarrow e_0 + \delta_e$ にまとまってしまう。δ_m と δ_e は無限大である。

朝永は考えた。電子は常に電磁場や電子・陽電子対の「着物」を着ているのだ。電子の質量として測定されるのは裸のm_0ではなく$m_0+\delta_m$のはずだから、これを実測値で置き換える。電荷も同様にする。すると、すべてが有限になるのだった。くりこみ理論の誕生である。

6　ノーベル賞

一九四九年一〇月、朝永の書いていた教科書『量子力学 I』(一九四八年)の担当編集者であった松井巻之助が、アメリカの週刊誌「タイム」を朝永に届けた。水素原子のエネルギー準位が理論値からずれているというラムの実験結果(ラムシフト(ずれ))についてアメリカの理論家たちが大騒ぎをしているという記事があった。当時、敗戦国の日本には海外の物理学の専門雑誌は、ほとんど入ってきていなかったのだ。

朝永は、くりこみ理論の試金石と考えてこの問題に応用してみた。計算値はピタリとラムシフトの実験値に一致した。大成功であった。アメリカでもファインマン、シュウィンガーが同様の考えを出した。電子の磁気能率(磁石としての強さ)の実験についても成功した。

朝永は、くりこみ理論の論文が載った英文誌『プログレス』(第四章2参照)を海外に送った。アメリカのダイソンは感動した。「戦争の混乱の中で朝永はシュウィンガーと同じ理論を五年も早く提出し、いま廃墟の中からこれを送ってきた。これは深淵からの声のようだ。」

朝永がファインマン、シュウィンガーとともに「素粒子物理学に深く関わる、量子電磁力学の基礎的研究」に対してノーベル賞を受けるのは一九六五年である。実は、朝永は、ちょっとした怪我のためストックホルムでの授賞式には出席できず、授賞式は東京のスウェーデン大使館で同じ日に行われた。

7 磁電管と集団運動の研究

第二次世界大戦中、朝永は戦時研究として強力な極超短波を発振するための真空管（磁電管）を研究した。電子の運動の理論を作るのに昔の量子論の勉強が役にたった。この研究で朝永は、一九四八年に東大教授・小谷正雄とともに学士院賞を受賞した。

一九四九年八月、朝永はアメリカのプリンストン高等研究所に招かれる。アインシュタインもいる研究所である。アインシュタインは「白くなった頭の毛はいつももじゃもじゃで、長い白毛のちんのような感じだ」と朝永は書いている。朝永はホームシックで日本人相手には日本の話ばかりした。「窓に網戸が張ってあって蚊が入ってこない。蚊がブーンと飛んでこなければ夏になった気がしない」

などと話していた。

日本の専門雑誌『プログレス』が研究所に届いたとき、内容豊富だから所員の、セミナーで論文の紹介をし合おうときまった。それは結構だが、困ったことに分からないところがあると皆、朝永に訊きにくるので、まったく疲れた。「日本の皆さん、論文は分かりやすく書いてください」、「できれば、英語もほんとの英語で」書いてほしいと思ったという。

朝永は、プリンストンで、直線状に並んだ多数の電子の集団におこる音波の理論を作った。当時は、電子が一直線に並んでいる状態は現実にはないと考えられたので、これは単なる理論の上の話と思われていたが、約半世紀の後に、カーボン・ナノチューブにおける電子の運動がこの理論に合うことが実証された。カーボン・ナノチューブは炭素原子が集まってできた極く細い筒で、電子の運動は、筒の断面内では量子化され、その長さ方向にだけ自由に運動できる。つまり、電子の運動は一次元的なのだ。だから朝永の一次元電導性理論のよい試金石になった。

朝永は、また多数の粒子からできた円柱が潰れて楕円柱になる型の振動を扱う方法も提示した。円柱がある方向に潰れて楕円柱になり、いったん円柱にもどって、次にそれと垂直な方向に潰れるといった振動である。これは二次元の集団運動であるが、三次元の現実の原子核に対する理論を作ることが大きな問題となり、たくさんの人々が挑戦した。この理論は、原子核に光を当てたときにおこる振動の共鳴（巨大共鳴）に応用された。

第4章 戦後の科学復興と平和運動

1 戦中から戦後へ

第二次大戦は戦死、空襲、「引き揚げ」など、多くの困難辛苦を国民に強いただけでなく、深い精神的なダメージを与えた。弟の戦病死という戦争の痛みが身内にあったが、湯川は大規模な空襲による破壊はなかった京都で大学教授としての日々を送った。東京の朝永は焼夷弾の空襲にあい、住居も大学の一部も焼失し、一時、岳父の元に身を寄せた。しかし、戦後すぐに焼け跡の大学の研究室の一角に家族で暮らし、研究室を再開した。学徒動員や徴兵から復員して来た青年たちは希望を持って湯川の研究室や朝永の研究室にあふれた。朝永のセミナーは大学の枠を越えて東京のセンターとなった。

終戦時、彼らはまだ四〇歳前の若手教授であり、戦争遂行中は責任ある立場で学術や大学の行政に関わる世代には達していなかった。朝永は、一九四三年九月から海軍のレーダー開発に関係して、マグネトロンの発振機構を解明し、翌年には海軍技術研究所島田実験所で戦時研究員として、マイクロ波の立体回路の研究を行った。湯川も、戦時研究員として実験核物理の京大教授荒勝文策を中心とする海軍の委託研究「F研究」に参加した。この研究は原子爆弾の可能性の検討がテーマであり、一九四四年一〇月に第一回会合が大阪で行われたが、ウラン資源の入手ができないことが分かり事実上進まなかった。要するに湯川も朝永も、核兵器登場までは、社会や政治の問題に積極的に発言することなく、戦争をあるがままに受け入れる普通の大学教授であり、市民であった。

しかしまもなく、戦後の日本における科学や大学の復興という大きな課題が彼らの世代のまえに登場してくる。また物理学の進歩の結果といえる核兵器の脅威が東西冷戦の中で深刻化する一方、日本は安保条約下で米側の核戦略の一翼を担う政治体制のもとにあった。この問題に対して、どう行動するかという難しい状況に彼らはおかれた。そして広島・長崎・ビキニの被爆国の物理学者として、東西冷戦という時代の流れの中で、核兵器廃絶の平和問題に取り組むことになった。

ノーベル賞受賞という物理学研究での世界的な評価を得た彼らは、自分の研究という狭義の科学の世界に閉じ籠ることなく、多くのエネルギーを費やして日本の科学振興と平和の課題に積極的に関わることになるのである。

2　基礎物理学研究所と理論物理国際会議

湯川は日本の研究成果を海外に発信することが重要であるとして、一九四六年に『プログレス』(*Progress of Theoretical Physics*) という英文の学術誌を発刊した。敗戦後の物資困窮時で紙も配給制という状態であったが、同僚の京大教授である小林稔などの努力でこの事業は継続された。とくに朝永グループによる戦中および終戦直後の超多時間理論やくりこみ理論の海外への発信には大きな役割を果した。この雑誌は当初は季刊であったがやがて月刊誌へと発展し、その後も六〇年以上経た現在に引き継がれている。二〇〇八年のノーベル賞に輝いた小林・益川の理論もこの雑誌で発表された。

一九四八年、湯川はオッペンハイマーの招聘を受けて訪米した。オッペンハイマーは原爆製造のマンハッタン計画を指導した理論物理学者であり、当時は原爆の父として国の重要な人物になっていた。彼は戦後すぐに原爆開発から手を引き、プリンストン高等研究所の所長として日本を含む海外の物理学者や数学者を招聘していた。湯川は、一九三九年にソルベイ会議中止後の日本への帰途、カリフォルニア大学教授だったオッペンハイマーに会っていた。当時、オッペンハイマーは提案間もない湯川中間子論を論じた一人だった。

プリンストンでの一年の滞在の後、湯川はラビの招請でニューヨークのコロンビア大学に移った。プリンストンには朝永が招聘された。そして一九四九年の晩秋、湯川はノーベル賞受賞の報を受け取るのである。このノーベル賞の報を受け、京都大学と日本学術会議は直ちに、それぞれ記念事業を構想し、まず一九五二年に京都大学に湯川記念館ができた。さらに、一年で帰国していた朝永は学術会議の委員として、米国在住中の湯川の提案や国内の多くの研究者の要望をとりいた新しい仕組みの研究所の第一号として基礎物理学研究所の創設に努力し、一九五三年開所した。湯川は初代の所長としてその職を京大退官の一九七〇年まで勤めた。

基礎物理学研究所の発足を飾ったのが、一九五三年九月に日本学術会議が組織して東京と京都で開かれた国際理論物理学会議だった。海外一三か国から、五五人、国内から六〇〇人が参加した。人選がよかったことは、出席者の中から後にノーベル賞受賞者が多数輩出したことに示されている。これは第二次世界大戦後に日本で開かれた初めての学術国際会議であり、国内からの若い参加者たちに大きな刺激を与えた。湯川はこれを機に活動の本拠地を米国から京大に移した。また創設早々の研究所は世界的知名度を一気に獲得した。

この会議での海外の研究者と日本の若手研究者の交流を機会に、海外に渡航するチャンスをつかみ、多くの若い研究者が世界に羽ばたいていった。こうして、湯川と朝永をリーダーとする日本の理論物

図 4-1　湯川のノーベル賞受賞を記念して創設された湯川記念館。

図 4-2　基研所長として湯川は物理学の新分野を奨励した。1955 年には原子核と星の研究会を提案し、それをきっかけに宇宙物理学の研究が盛んになった。写真は 1955 年 2 月、基研で。前列右から湯川、中村誠太郎、畑中武夫、後列右から早川幸男、武谷三男、林忠四郎、小尾信弥。

理学は一段と厚みを増して早々に戦後の復興を達成した。

この新しい研究所の「仕組み」づくりには、湯川や朝永が経験したコペンハーゲンのボーアの研究所やそれを見本にした理研の仁科研究室、さらにはオッペンハイマーのプリンストン高等研究所などがモデルになった。一つの大学に閉じるのではなく、国の内外の研究者の滞在・利用が制度として組み込まれた研究環境は、様々な分野で続いて創られた全国共同利用研究所のモデルとなった。

この研究所は固有の所員の数は少ないが、全国からの短期、長期の多くの滞在者が訪れて自由に討論する場となった。湯川の意向もあって、とくに萌芽的な研究領域を大いに支援した。これによって大きな発展への一歩を踏み出した分野は、生物物理、宇宙物理、プラズマ科学など数多くある。国際的にみても、一九五〇年代末は、物理学が新領域に拡大した時であり、その全国共同利用の機能も活かして、研究所は大きな役割を果たした。

3 サイクロトロン復元から核研創設へ

戦後、物理学の理論研究は湯川のノーベル賞を機に比較的身軽に立ち直ることができたが、実験の分野は容易でなかった。湯川や朝永の研究テーマである原子核・宇宙線・素粒子物理学の実験的研究は米国を中心に急速に進展していた。仁科研究室の戦前での活躍のように、日本はこの方面でも世界の先端を走っていた。しかし、原子核に関する実験は、原子爆弾の出現によって軍事戦略に関わる研究と見なされ、禁止された。

終戦直後の日本を統治していた占領軍当局は、国内での原子核研究を禁止してその監視に神経質であった。占領当初に理研、阪大、京大のサイクロトロンが海中と琵琶湖に投棄されたのは、彼らが日本の「実力」を知っていたからである。しかしこの「投棄」は原子力と原子核物理の境界の荒っぽい判定ミスであった。占領軍のアドバイザーとして来日したローレンスは、学術会議原子核研究連絡会の仁科委員長にサイクロトロンの再建を勧めた。ところが、一九五一年、仁科は急逝し、この担い手は後任の委員長となった朝永に託され、「復元」は曲りなりに実現した。

一九五二年の講和条約発効で原子力禁止令は自然消滅した。日本が講和条約によって独立を回復するまでの空白期間に、諸外国の原子核・素粒子の実験物理は大きな進歩を遂げていた。そこで、重点的に大型装置をもつ、全国共同利用の研究所を望む声が高まり、一九五三年に学術会議から政府に申し入れがなされた。朝永を中心とした研究者は、政府と交渉する一方、設置予定地の住民の了解をとる話し合いに大きな努力をした。そして、一九五五年に東京大学に原子核研究所が設置された。引き続いて一九五六年には最新の実験装置をもつ物性研究所を設置する要望がだされ、一九五七年に共同利用研究所として東京大学に付置された。

こうした動向に朝永の果たした役割は非常に大きく、彼の〝隠された才能〟が顕在化し、その後、大学の学長や日本学術会議の会長に押し上げられる流れが作られた。研究者の意見を結集し、学界、行政の各方面を説得する手腕は、まさに日本の一時期の学術行政のお手本となった。

素粒子、原子核の実験研究の規模はどんどん大きくなり、国際的に先端を走るには従来の大学の研究規模では納まらないようになった。そこで大学外に共同利用研究所を設ける必要があるとする政府への勧告が決議されたのは一九六二年だったが、それから紆余曲折があり、これが筑波研究学園都市に高エネルギー物理学研究所として実現したのは一九七一年である。この誕生にも朝永の尽力があった。これは、その後、高エネルギー加速器研究機構（KEK）に発展した。

4 原子力

一九五二年の原子力禁止令の消滅を受けて、学術会議会員であった茅誠司と伏見康治が学界主導の原子力研究を提案をしたが学術会議内の議論で取り下げられその芽は消えた。他方、一九五三年一二月の米大統領の原子力平和利用演説に刺激された中曽根康弘（当時改進党の代議士、後に首相）が政府予算の折衝で原子炉の築造予算を計上した（中曽根提案）。日本の原子力は政治主導で慌しく出発する

核軍拡の時代と湯川、朝永

広島、長崎原爆、日本敗戦	1945	
	1948	湯川　渡米（-53 年）
	1949	朝永　渡米（-50 年）
		湯川　ノーベル賞受賞
朝鮮戦争勃発（6 月）	1950	菊池　渡米（-52 年）
	1951	仁科急逝（1 月）
講和条約発効（4 月）	1952	茅・伏見提案学術会議否決（10 月）
		朝永　文化勲章受章
	1953	湯川　基礎物理学研究所所長
国連でのアイゼンハワー演説（12 月）		国際理論物理学会開催
改進党中曽根原子力予算提出（3 月）	1954	学術会議　原子力三原則（4 月）
ビキニ水爆実験で福竜丸被爆報道（3 月）		
第一回原水爆禁止大会（8 月）	1955	東大原子核研究所発足
第一回ジュネーブ会議（8 月）		湯川　ラッセル・アインシュタイン宣言に参加（7 月）
		原子力基本法公布（12 月）
日本原子力研究所発足（6 月）	1956	湯川　原子力委員就任（1 月）、衆議院意見陳述（5 月）
		朝永　東京教育大学学長（7 月 -62 年）
第一回パグウォッシュ会議（7 月）	1957	湯川　原子力委員辞任（3 月）、後任は菊池正士
スプートニック成功（10 月）		東大物性研究所発足
第二回ジュネーブ会議（9 月）	1958	湯川　核融合懇談会会長（2 月）
	1959	核融合の進め方 A 案に決定（10 月）
日米安保条約改定問題	1960	
	1961	名大プラズマ研究所発足（3 月）
	1962	第一回科学者京都会議（5 月）
	1963	朝永　日本学術会議会長就任（1 月 -69 年）
米原子力潜水艦寄港問題	1964	東大宇宙航空研究所発足
	1965	朝永　ノーベル賞受賞

こととなった。

一九五四年一月のビキニ水爆実験での第五福竜丸被爆事件を受けて、三月に京都で開かれた学術会議原子核特別委員会は、朝永委員長の下で「わが国の原子力研究についての原子核物理学者の意見」をまとめた。この見解は、一九五二年以来の伏見康治と武谷三男の考えが元になってまとめられたもので、一九五四年四月の日本学術会議の原子力平和利用三原則声明、一九五五年一二月に成立した原子力基本法にとりいれられて、日本では「原子力の研究、開発および利用は平和の目的にかぎる」という基本方針が法的に確認された。

しかし政府・産業界主導で動き出した原子力行政は、発電炉と核燃料の移入・建設という路線で急ピッチで進んだ。このように日本での原子核物理学の研究界とは関係なく出発した原子力行政を司る原子力委員会の初代委員に、湯川が就任した。一九五六年一月に就任し、四月には辞意を表明するも、結局翌年三月まで一年強勤めて辞任した。この後、湯川はこの委員歴任のときに手がけた日本でのプラズマ・核融合研究の立ち上げに大きな役割を果たすことになる。

一九五〇年代当初、原子力の利用にはバラ色の夢が語られていた。しかしまもなく東西冷戦のもとで激化した核兵器開発競争、そしてその影響がもれ出てきたビキニ事件、大気圏水爆実験による死の灰やマグロ汚染問題、またようやく明らかになった広島・長崎での被爆の実相、これらによって人々はようやく科学技術の進歩が人類の生存にまで関わる事態を引き起こしていることを認識した。物理学の大きな流れから見れば湯川や朝永が打ち込んだ研究と原子力の登場は無縁ではなかった。彼らの前に新たな問題がのしかかって来たと言える。

5 ラッセル―アインシュタイン宣言と核兵器廃絶

原子爆弾被爆の実相は、占領期間中は報道管制等によって、国内的にも国際的にも直接の関係者の他には広く知らされなかった。その間に米ソを中心にした東西冷戦が激しくなり、原爆の国際管理構想は実を結ばず、ソ連は一九四九年に原爆を完成させた。これに対抗して米国は水素爆弾の開発に向かい、ソ連も後を追う核兵器体系の大軍拡競争となった。

一九五四年、太平洋上ビキニ環礁でのアメリカの水爆実験によるさんご礁の白い粉を含んだ雨の放射能は、危険指定区域の外にいた漁船の乗組員や周辺の島民に深刻な健康被害を与えた。度重なる大気圏での核爆発実験は、こうした周辺での被爆をもたらしたのみならず、放射能は気流に乗って世界中に拡がった。人々は、放射能が食物連鎖で魚介類に蓄積されていく実態にも気付かされた。

バートランド・ラッセルから湯川に、核兵器と戦争の廃絶を訴え科学者に討議を呼びかける宣言への参加を求めてきたとき、湯川はすぐに賛同した。これが、一九五五年七月に一一人の科学者によって発表されたラッセル―アインシュタイン宣言である。
ラッセル―アインシュタイン宣言に応えて、一九五七年七月、カナダのパグウォッシュ村に、思想信条の違いを越えて二三名の科学者が個人の資格で集まり、核戦争の危険性、放射線の人体への影響、科学者の社会的責任について討議した。日本からは湯川、朝永、放射線学者の小川岩雄の三名が出席した。ここでパグウォッシュ会議の継続がきまり、今日まで核兵器の廃絶と戦争の廃止をめざして発言するとともに、当面の危険性を取り除くために軍備管理の具体的提言を、国連、各国の政府と科学者、市民に対して行ってきた。一九九五年には、パグウォッシュ会議会長のロートブラットと会議自体にノーベル平和賞が贈られた。

この国際的運動に呼応して日本国内では、湯川・朝永・坂田昌一の呼びかけによって、ラッセル―アインシュタイン宣言に共感する科学者を中心に「科学者京都会議」が一九六二年に発足した。これには大仏次郎、桑原武夫、田島英三、谷川徹三、三宅泰雄、宮沢俊義といった学者・文化人が参加して、一九八四年まで発言を続けた。

核兵器問題は孤立したものでなく政治全般にからむ複雑な様相を呈していた。しかし湯川は絶対的な平和主義の追究こそが基本になるべきと考えた。世界連邦建設同盟理事長だった下中弥三郎が、平和問題に関する少人数の知識人による意見表明のため、一九五五年に「世界平和アピール七人委員会」を発足させたが、湯川は最初から、朝永は一九六九年から参加した。七人委員会は、不偏不党の

図 4-3（上） 湯川と朝永は協力して核兵器廃絶のパグウォッシュ会議運動にとりくんだ。

図 4-4（下） 湯川たちは核兵器問題を中心とした平和問題で社会的に発言していくために「科学者京都会議」発足させた。写真は、1962 年、天竜寺で。左から福島要一、坂田昌一、谷川徹三、朝永、湯川、桑原武夫、大仏次郎、三宅泰雄、田島英三、宮沢俊義、田中慎次郎。

立場から、国家主義の絶対性を否定して国連の改革・強化を主張し、日本国憲法の平和主義を尊重して、核兵器の廃絶を求めるアピールを今日までだしている。

また世界連邦をめざす運動は第二次世界大戦後に始まったが、湯川は、これを核時代を越えるための運動ととらえ共鳴した。一九六一年に世界連邦世界協会会長に選ばれて、一九六五年まで務め、一九六三年には世界大会を日本で開催した。湯川スミ夫人は、日本の国内組織である世界連邦建設同盟会長を務めた。湯川夫妻の貢献は大きい。

一九五〇年代の核爆発実験による放射能・環境汚染は、一九六三年の米ソの部分的核実験条約で一段落したが、核兵器はロケットに核弾頭を搭載した核ミサイル、ＩＣＢＭ、ＡＢＭなどに拡大し、競争は人類を何十回も滅亡させることができるというほどの量まで増大した。こうした中で核兵器によって平和が守られるという核抑止論が一部で唱えられだした。

こうした核兵器をめぐる情勢が国際的に膠着状態となった一九七〇年代の中ごろ、湯川、朝永らのパグウォッシュ運動に取りくむ日本の科学者は被爆国日本でパグウォッシュ京都シンポジウムを開催することにした。一九七五年八月末に予定されていた国際会議を前に、主催者である湯川は前立腺癌の悪化で手術が余儀なくされ出席も危ぶまれた。しかし湯川は病をおして車椅子から開会のスピーチを行って核抑止論を批判した。多くの国民はテレビでその姿に接して核兵器廃絶にかける湯川の気迫に大きな感銘を受けた。この会議では朝永らの日本からの参加者は核抑止論の欺瞞性を国際的に訴えた。

湯川と朝永は、終生の親友であり、ライバルだった。湯川は、鋭い直感に基づいて、物理と社会の問題と取り組んだ。一九四一年と一九六八年に湯川は、「真実はいつか必ず実現する」「、「未来は、過去と現在の単なる延長ではなく、過去と現在の中には、これまでに顕在化されていない可能性が含まれている」と述べている。湯川は、核兵器は絶対悪であり、人類は核兵器と共存できない、紛争は平和的手段で解決しなければならないと説き続けた。

朝永は、持ち前の緻密さで、物理も国際社会の問題も綿密に分析した。一九八一年六月に京都で第四回科学者京都会議が開かれた。湯川の永眠の三か月前である。朝永は二年前に亡くなっていた。湯川は、病床にあり、体力は衰えていたが、気力を振り絞って会議に顔を見せた。会議の一〇日後に湯川が、ある雑誌の求めに応じて書いた短文「平和への訴え」は、すべての人への遺言になった。

6 教育、科学、文化での旺盛な活動

湯川と朝永の戦後の三〇数年は、物理学の研究に没頭した若い時代とは、大きく違っていた。戦後の彼らの行動の一端は、ここで記したような学術・科学界の復興であり、核兵器をめぐる平和の問題であった。しかし彼らの戦後の活動はこれらに止まるものではなかった。さまざまなレベルの物理学の

教育・啓蒙活動だけでなく、科学、学術、文化、一般についての社会的発言は多くの国民を魅了した。これらの活動の足跡は本書「付録」に記したような二人の膨大な量の著作に見ることができる。

湯川が、一九五八年、朝日新聞夕刊に連載した自叙伝「旅人――ある物理学者の回想」は多くの読者を得た。大学退官に際して自作の和歌四七三首を編集した歌集「深山木」をだし、一九七一、二年にはNHKテレビで水上勉、司馬遼太郎らとの対談を一二回にわたって行うなど、旺盛な文化活動をした。湯川は多くの揮毫も残した。また朝永が終戦直後に書きおこし教科書『量子力学』は物理学科の学生にながく読み継がれ、英訳もされて海外にも拡がっている。食道癌で病床にあってまで書き続けた『物理学とは何だろうか』(岩波新書) には没後に大仏次郎賞が与えられた。

図 4-5 自宅で揮毫に親しむ湯川 (1962 年ごろ)。湯川の揮毫は各地に残っている。1969 年、江戸時代の学者三浦梅園の旧居を大分県安岐町に訪れた際には、「反観合一」という梅園の言葉を揮毫している。
また湯川は『創造の世界』誌上で天才論を展開し、弘法大師、石川啄木、ゴーゴン、ニュートン、アインシュタイン、宗達・光琳、世阿弥、荘子、ウイーナー、エジソンを論じている。

第II部

湯川・朝永の伝統を育んだもの

日本の高等教育、科学技術関連年表

1868　明治維新
1886　帝国大学令
1887　京都府尋常中学校
97　吉田近衛に移転　1929 年下鴨に移転
1889　大日本帝国憲法公布
1894　高等学校令、第一から第五まで設立。第三高等学校の前身は 89 に大阪から京都へ移転。
日清戦争
1897　京都帝国大学　理工
99 法、医、1906 文、経 19、農 23
1904-05　日露戦争
1907　東北帝国大学
1910　九州帝国大学
1917　財団法人理化学研究所
1918　大学令、高等学校令
北海道帝国大学
1929　東京文理科大学
1931　大阪帝国大学　理、医
1942-45　太平洋戦争、広島、長崎原爆、終戦
1948　理研が株式会社へ
1949　新制国立大学　69 校
東京教育大学発足（東京文理大、東京高師、東京農教専、東京体専が合併）
1951　講和条約
1954　ビキニ水爆実験被爆事件
1955　第一回原水爆禁止世界大会
1956　原子力委員会
1958　理研が特殊法人に
1968-69　大学紛争
1973　筑波大学発足（東京教育大学廃止）

$$\left\{\Delta - \frac{1}{c^2}\frac{\partial^2}{\partial t^2} - \lambda^2\right\}U = 0,$$

1949 年、「核力の理論を基礎にした中間子存在の予言」の
功績に対して、湯川秀樹にノーベル物理学賞。
中間子場の方程式。

京都帝国大学玉城研究室。前列右端が朝永、三人目湯川、一人おいて玉城。

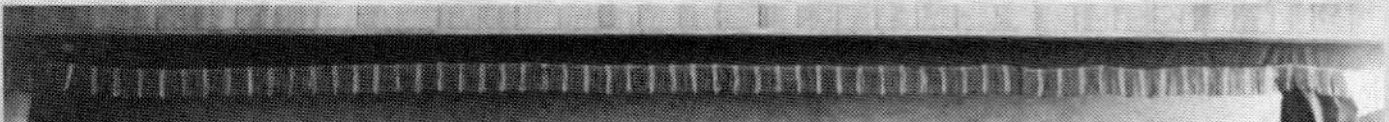

湯川スミと結婚。左側小川家の両親琢治、小雪、右側湯川家両親玄洋、ミチ。

大阪帝国大学菊池研究室。前列中央が菊池正士、後列左端湯川、四人目は伏見康治。

プリンストン高等研究所で。左からアインシュタイン、湯川、ホイラー、バーバー。

左からボーア、湯川、スミ夫人、オッペンハイマー。

$$i\hbar \frac{\delta \Psi[C]}{\delta C_P} = H(P)\Psi[C]$$

1965 年 「素粒子物理学に深く関わる、量子電磁気学の基礎的研究」の功績に対して、朝永振一郎にノーベル物理学賞（シュウィンガー、ファインマンと共同受賞）。
超多時間理論の方程式。

京大での講義のため訪問した仁科芳雄と（1930 年）。前列右から二人目が仁科、後列右から二人目朝永、三人目湯川。

朝永は理化学研究所の雰囲気の中で快活になった。クロッケーを楽しむ朝永（左端）。

上　理研時代の朝永。
下　中間子論を論ずる。前列左から湯川、朝永、小林稔、後列坂田昌一。

1949 年プリンストン高等研究所で。左から、オッペンハイマー、湯川、朝永。

第5章　京大教授の息子たち

湯川秀樹と朝永振一郎の父親は、ともに京都大学の教授だった。湯川の父小川琢治は一九〇八（明治四一）年に文科大学（一九一九年から文学部）教授に就任、一九二一（大正一〇）年から理学部の教授に換わり、一九三〇（昭和五）年に退官した。一方、朝永の父朝永三十郎は一九〇七年に文科大学助教授になり、一九一三年から退官する一九三一年まで教授を務めた。このように、両人が京大に在職していた時期もほぼ重なっているが、とくに、設置当初の文科大学（一九〇六年設置）に赴任したことでも共通していた。この章では、湯川秀樹と朝永振一郎を生んだそれぞれの家および父親について紹介するが、その前に、初期の京大文科大学について触れておこう。

1 設置当初の文科大学

文科大学が設置されたのは、京大創立から九年たった一九〇六年のことである。すでに理工科大学、法科大学、医科大学が設置されており、文科大学の設置によって創立当初に計画されていた四分科大学がようやく出揃うことになった。

設置を予定されていた三学科のうち、最初に置かれたのが哲学科であり、翌年に史学科、さらにその翌年に文学科が置かれた。当初は学生集めにも苦労したようで、開設委員の一人だった松本文三郎は「教官と学生を集めるのには、これ亦非常な苦心を要したもので、学生を集める一方法として高等学校の校長会議に出掛けて行き、校長連に生徒を京大へ勧誘して呉れる様、頼んだ事もあった位である」（『京都帝国大学文学部三十周年史』一九三五年）と回想している。実際、三学科揃った一九〇八年の入学者は合計わずか三〇名であり、一九二〇年頃まで毎年の入学者数は三〇名から五〇名ほどだった。

しかし、逆にそういった環境は、学生たちに教官への親しみと学問への意欲をかき立てていたと言える。初期の学生だった羽溪了諦（のち教授）は「入学当初、私の受けた第一印象は厳めしい帝大で学んでいるといふよりも、寧ろ近代的寺小屋へ通うているといふ感じであった」と述べるとともに

図5-1　設置当初の文科大学

「毎月一回全教授学生が一堂に集合して談話会を催し、教授学生各一名づつ思ひ思ひの問題に就いて意見を陳べた後、自由討議に入る慣例となってゐたが、屢々相互の間に聴いてゐてハラハラさせられるやうな激論の交はされたことさへもあった」（同前）と、その雰囲気を語っている。また、当時のキャンパスも現在とはだいぶ異なっており、やはり開設委員だった松本亦太郎は「我々が京都へ行って愉快だったのは、一面の松林の中を行ったり来たりして、講義したり討論したりすることでした。ギリシャのアカデミーなどもこんなものかと思ひました」（同前）と語っており、周囲の様子と相まって学問的雰囲気が形成されていったことが見て取れる。

さらに、設置当初の文科大学の特色として挙げられるのが、人材登用の柔軟性だった。経歴にこだわらずに人材を求め、新聞界から招いた東洋史の内藤虎次郎（湖南）、文壇から招いた国文学の幸田成行（露伴）などがよく知られているが、朝永三十郎の同僚として深い信頼関係で結ばれていた西田幾多郎も、東京帝国大学文科大学の選科（ある特定の科目を専修する生徒）としての学歴しかなく、京大だからこそ教官として招かれた（一九一〇年助教授就任）と言うことができる。

また、小川琢治との関連で言えば、地理学が人文地理学を主として、独立講座として史学科に組み入れられた（史学・地理学第二講座）ことも京大の特色だった。これは史学科の設置に関わった内田銀蔵の発案と言われており、歴史学の理解には地理学の知識が不可欠であるとの認識を持っていたからだとされている。ちなみに東大でも同じく史学・地理学と名付けられた講座は存在していたが、地理学は史学の補助科目に過ぎず、実際にそこで講じられていたのは西洋史学だった。

2 小川家と父小川琢治

湯川秀樹の父小川琢治は、明治三（一八七〇）年、田辺藩の儒者浅井南溟の次男として和歌山の田辺に生まれた。南溟は藩学修道館で教えていたが、廃藩置県の後同館が閉鎖されると、紀ノ川沿いを転々として私塾を経営した教育者だった。琢治は和歌山中学校に進学したが、三年進学時の一八八六年に上京、学制改革によって発足したばかりの第一高等中学校に入学した。同級生には、のち東洋史研究者として京大教授になる狩野直喜がいた。また、在学中病気療養のために御殿場に滞在したことがあったが、そのとき同行したのは、のちに日本史研究者として同じく京大教授になった内田銀蔵だった。このときから内田とは親しい関係を結んだようで、京大文科大学設置の際に琢治が招かれたのも、この頃の交友が一つの契機になっていたと思われる。なお、第一高等中学校在学中に、やはり紀州出身の教育者だった小川駒橘の養子となっている。

　一八九三年、琢治は東京帝国大学理科大学に入学し、地質学を専攻することになる。地質学を勉強

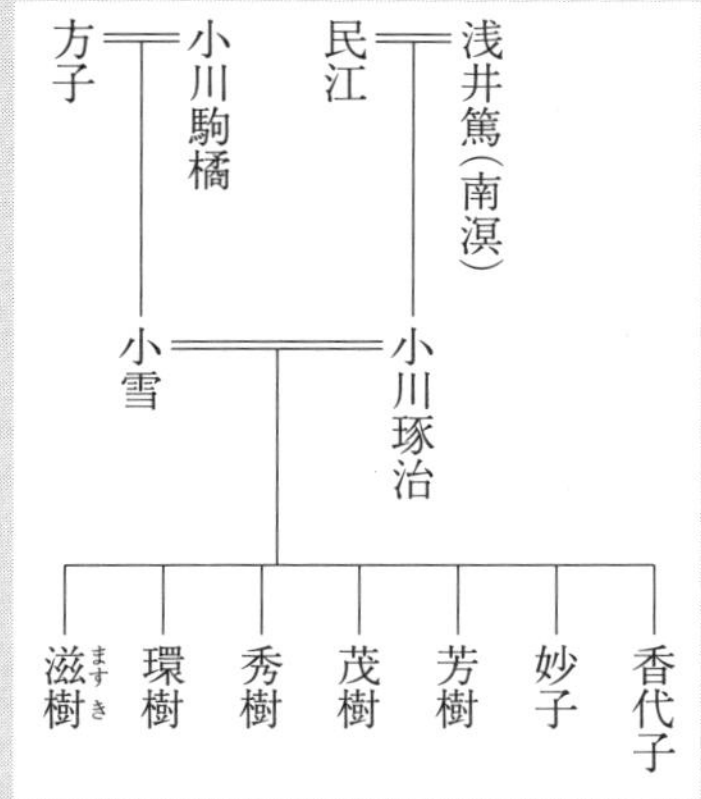

図5-2 （上）小川家略系図

図5-3 （下）小川琢治

することになったきっかけは、高等中学校時代に濃尾地震直後の被害の様子を自らの目で見たことと、そのあと郷里の紀州を旅行して複雑な地形を実感したことで、のちに自ら「濃尾の野の地変の惨禍を目睹した後に、更に千状万態を呈する此の造化斧痕に当面して、此等の自然界の現象を対象とする地質学を専攻する決心をも起こさしたのである」(『一地理学者之生涯』一九四一年)と回想している。

琢治は、東大在学中の一八九四年に養家小川家の娘小雪と結婚している。ともに幼児の頃から知っている仲だった。小雪は東洋英和女学校で英語も勉強しており、結婚して中退した後も源氏物語を個人的に学んでいた。また自由学園の創立者の羽仁もと子を大変尊敬していたことからも分かるように、合理的、進歩的な考え方を持った女性だった。

卒業後いったん大学院に進学するが、すぐに農商務省の地質調査所に勤務するようになった。そこでは、パリの万国博覧会や地質学会議に派遣されたり、中国で約一年鉱物調査を行ったり、日露戦争では大本営の御用掛として炭田の地質調査に参加したり、活動的に仕事をこなしていた。そして、一九〇八年、琢治は京大文科大学史学地理学第二講座の教授に着任する。文科大学に地理学関係の講座が開設された事情は前述のとおりで、教授の琢治が地形学を中心とした自然地理学を、助教授で東大史学科出身の石橋五郎が地理学史・人文地理学を講義した。琢治の研究は「礪波平野の散村や大和盆地の環濠集落の研究に先鞭を付け、集落の発生・歴史的展開の解明という今日に至る論点を地理学に取り込んだ」(『京都大学百年史』一九九七年)と評価されている。また、漢籍に関する深い理解を基盤に中国歴史地理について多くの著作を出した他、古地図や地形図の収集にも力を入れ、これは今日の文学部のコレクションの重要な部分になっている。

こういった資料収集癖は家庭でも発揮されたようで、湯川秀樹は「〔父は：引用者〕何かある問題に熱中すると、それに関するあらゆる文献を集めないと気がすまない。例えば、碁を打つようになると、囲碁に関する書物を手当たり次第に買いあさる。書籍はたちまち書架にあふれ、書斎に満ち満ちてしまう。土蔵の中も、もちろんいっぱいだ。すると、「また、ひっこしだな。どこかに大きな家はないか」と、憮然として母に訴える」（『旅人』一九五八年）と述べている。

その後、琢治は理学部の地質学鉱物学科開設に関わり、一九二一年に理学部に移り地質学第二講座を担当することになった。ここでは、地質学全般と岩石学を教え、さらにこの時期日本で頻発していた大規模地震の調査や原因究明にあたった。また、地質学・地理学の社会への普及にも力を入れ、文・理両学部の関係者を集めて月刊誌『地球』を創刊し、地球学団を組織したことでも知られている。

琢治の研究への没頭ぶりについては、当時文学部で助手を勤めて何度も実地踏査に同行した内田寛一が「最も肝銘の深かったのは、先生が行程を急がず、現地でできるだけ問題を解決されようとする観察の仕方で、未決の問題については夜中も熟慮されていることであった。〔九州四国の：引用者〕石仏旅行の折などは夜中一時間おき位に起されて、あれはどう思うか、これはどう考えるかと質されるのであった。全く「寝食を忘れて」研鑽振を如実に示されたのである」と回想している（『京都大学文学部五十年史』一九五六年）。

3　朝永家と父朝永三十郎

朝永振一郎の父三十郎は、明治四（一八七一）年、旧大村藩士朝永甚次郎の三男として長崎県に生まれた。甚次郎は、幕末には塾を開いて村の子弟を教え、維新後は小学校長になるなど教育者だった。三十郎は地元の大村中学校二年のときに上京、のちに京大工学部教授になった長兄の正三宅に寄寓して、一八八九年に第一高等中学校に入学、一八九五年に東京帝国大学文科大学に入学し、哲学・哲学史を専攻した。哲学を専攻した理由は、高等中学校在学中に内村鑑三の影響で一九世紀イギリスの評論家カーライルの著作を読んだことだと自身で語っている。

卒業後、いったん京都の真宗大学（のちの大谷大学）教授となり、学校の東京移転とともに再び上京している。この三年間の最初の京都生活について、三十郎はのちに、古典的文化の中心であると思いこんでいた京都に電車をはじめとした新しい物質文明が結びついているのを見て、「文化というようなものは、やはり古典的文化の裏付け、古典の背景をもってそして新しいものを創造して行くというのでなければいかん」（「京都帝国大学創立五十周年記念　懐古談話会記録」『京都大学大学文書館研究紀要』第一号）と思ったと述べている。その後、前述のように一九〇八年に新設の京都帝国大学文科大学助教授に就任した。また、真宗大学在職中に旧川越藩士大枝美福の長女ひでと結婚している。東京女学館で漢文を教えていた美福の影響で、ひでもお茶の水女学校を卒業後、和歌や源氏物語を個人教授によって学んでいた。振一郎の父母はともに旧士族で教育熱心な家に生まれたということで共通している。

京大では、当初哲学哲学史第一講座において桑木厳翼教授とともに西洋哲学史を講じていたが、一九〇九年から一九一三年までのドイツ留学からの帰国後、哲学の体系的研究を主とする第一講座から

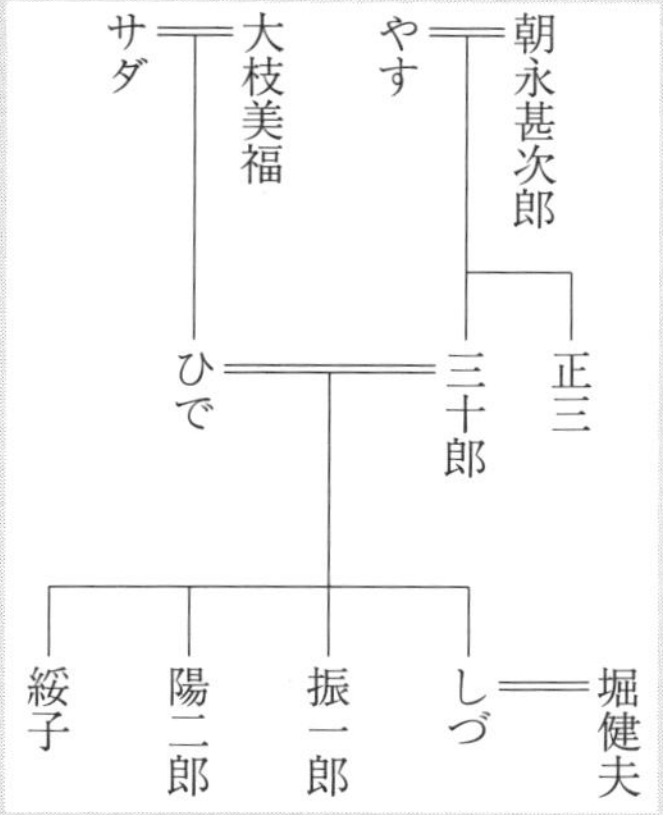

図5-4　朝永家略系図

図5-5　朝永三十郎

西洋哲学史研究を主眼とする第四講座が分離したことに伴い、同講座の教授に昇任した。このように、哲学研究と西洋哲学史研究とは組織上近い関係にあったが、それは日本の大学において「哲学といえば通常は西洋哲学を意味し、しかも哲学研究と哲学史研究とは内容的に方法上も常に密接な関係と交流を持つという、この学問の独自性を考慮して反映したもの」(『京都大学百年史』)であるからとされている。

三十郎は、ハイデルベルグ大学のヴィンデルバントの影響を受け、デカルトやドイツ観念論の研究を進めるとともに『近世に於ける我の自覚史』(一九一六年)、『カントの平和論』(一九二二年)などの著作によって声価を高めた。とくにカントの永久平和論を積極的に評価したことで知られているが、それは同時期に同じハイデルベルグ大学に留学していた法学部の佐々木惣一が「朝永君は政治に関心を持っていた。そして立憲政治を真に尊重していた。ハイデルベルヒの下宿で、種々の問題について談論した中に、わが国の立憲政治の前途について、憂慮をふくんだ気持で語り合うた機会は決して少なくなかった」(『朝永先生の思い出』一九五七年)と回想しているような、彼の実社会への強い関心に基づいていているものかもしれない。

一方で多くの人が書き残しているのが、三十郎の温厚、清廉な人格である。卒業生の天野貞祐(のち教授、文部大臣)は「先生は実に正しい人でした。人格者という言葉は先生において文字どおりあてはまる気がします。西洋の学問をされた自由主義者ですけれども武士の魂をもった日本人らしい日本人でした。どこをどう叩いても決してホコリの出ない徹頭徹尾清く正しい人でした」（同前）と述べているが、類似の回想は他でも見ることができる。また、天野はこれに続けて「西田先生はめったに人の批評をされませんでしたが或時「朝永君はリライアブル（信頼できる）だ」と言われました」とも述べている。当時哲学哲学史第一講座の教授だった西田幾多郎との深い信頼関係はよく知られているところである。大学教授としての自身の力のなさを痛感したという三十郎は、ある時、辞職して高等学校の教員となることを決意して西田に相談したところ、西田より思い止まるよう説得した手紙が届けられた。そこには「君が哲学史の教授として左程自ら抑損せねばならぬ人と考えることはできぬ。小生がかく考へ居るのみならず学生や同僚や又社会からも嘗て君の学問や講義について不満足の声を耳にしたことはない。若い人を養成するといふことは別としてすぐ教授にでもする位の人にて君の外に今外に人があるとは思はぬ」「折角哲学科の人々が歩武が整ひ共同に面白く事がきるのは君などの居てくれる御蔭と思ふ。特に小生に於てはこれまで腹の底まで打明けて何事も相談して来た相談相手を失ふのは私情に於ても実に忍び難い感がする」（『西田幾多郎全集』別巻5）と記されていた。この心のこもった手紙から、二人の関係が単に哲学の同僚教授ということだけではなく、個人的にも強い繋がりがあり、それが京都学派と言われた京大哲学の隆盛の基盤だったということを読み取るのは容易だろう。

第6章 一中・三高・京大——独創性を育てたユニークな学校

第一章—第三章で紹介したように、湯川と朝永の学歴は多くのところで共通している。湯川（当時の姓は小川）は、一九一九（大正八）年に京極尋常小学校を卒業後、京都府立京都第一中学校（一中）に入学、当時五年制だった中学を四年で修了して（後述）一九二三（大正一二）年第三高等学校（三高）に入学、そして一九二六（大正一五）年に京都帝国大学理学部に入学している。一方朝永は、湯川より一年早く一九一八年に錦林尋常小学校を卒業して京都府立京都第一中学校に入学、在学中の病気のせいもあって中学に五年まで残り、以後第三高等学校と京都帝国大学理学部では湯川と同期になる。

この一中—三高—京大という進学経路は、当時の京都の代表的なエリートコースだったが、それだけではなく、これらの学校はいずれも自由を重んじる校風（学風）を持っていたという点でも共通点があった。この章では、二人のその後の人生に大きな影響を与えたと思われるこれらの学校について、二人の在学時を中心に紹介することにしよう。

1 京都府立京都第一中学校

一中の歴史と吉田移転

一中の前身は、明治三(一八七〇)年一二月開校の京都府中学まで遡ることができる。その後、明治政府下の学校制度の変遷に伴ってあり方が変わり、一八八六(明治一九)年の中学校令公布に基づいて翌年京都府尋常中学校となった。この間、当初の二条城北から何度か所在地も変わり、一八九七(明治三〇)年に至り、吉田近衛町(移転当時は上京区吉田町字近衛、現在の近衛中学校の場所)に移ってきた。

吉田に移転後も、校名は京都府第一中学校(一八九九年)、京都府立第一中学校(一九〇一年)、京都府立京都第一中学校(一九一八年)と変化する。ちなみに、一中は湯川と朝永が京大に在学中の一九二九(昭和四)年に下鴨膳部町に移転し、戦後は新学制のもとで洛北高等学校となる。

表 6-1　一中の入学志願者・入学許可者

入学志願者		入学許可者	倍率
1910（明治 43）年	390	132	3.0
1911（明治 44）年	371	131	2.8
1912（明治 45）年	360	124	2.9
1913（大正 2）年	353	132	2.7
1914（大正 3）年	391	145	2.8
1915（大正 4）年	458	125	3.7
1916（大正 5）年	466	141	3.3
1917（大正 6）年	438	138	3.2
1918（大正 7）年	605	130	4.7
1919（大正 8）年	669	130	5.1
1920（大正 9）年	666	131	5.1
1921（大正 10）年	678	131	5.2
1922（大正 11）年	625	180	3.5
1923（大正 12）年	383	195	2.0
1924（大正 13）年	346	191	1.8

京都府尋常中学校が、吉田に移転してきた一八九七年、同じ吉田の地に日本で二番目の大学として京都帝国大学が創立される。日清戦争後、産業の発展が目指される中、東京にあった当時唯一の帝国大学に加えて国家に有為な人材の育成が目的とされたことは間違いない。それとともに、一八八九年に大阪から移転してきて以来吉田にあった第三高等学校は、敷地と建物を新設の京大に譲り、自らは京大の南隣りに新たな敷地を得て移転した。つまり、前述した一中、三高、京大というエリートコー

スを構成する三つの学校が鴨川の東の吉田という一角に集中したことになる。それぞれの位置は、京大の本部構内から東一条通を挟んで南に三高、さらに三高の南側に小さな京大の飛び地（現在の楽友会館などがある場所）と近衛通を隔てて一中という関係にあった。当然、一中の生徒から見れば、三高・京大という存在は身近なものであったであろう。それは地理的な要因から自然であっただけでなく、京大で勉強していた若い研究者や三高の教員が一中で教鞭を執る例も多く、そういう形で受ける刺激も大きかったと考えられる。

中学校を取り巻く状況

湯川が一中に入学した翌一九二〇年一〇月に、日本で最初の国勢調査が行われ、このとき満一二歳男子の人口は約六三万人と算出されていた。一方中学校に進学した者は約四万七〇〇〇人であったから、当時の中学校への進学率はわずか七・四パーセントだった。この頃は、中学校に入ることがすでに一握りのエリート層に入るということを意味していた。しかし、ちょうどこの時期、第一次世界大戦も終わり、資本主義や市民社会の発達とともに中学校への入学志願者が全国的に増えつつあった。京都府もその例外ではなく、一九一六年には一七八四人だった府内公私立中学校への入学志願者が、一九二三年には三六〇三人にほぼ倍増していた。さらにちょうど同じ時期、府立の中学校（二中、二中、三中、宮津中、福知山中の五校）はそれまで各校単独で行っていた入学試験を同一題で行い、受験者に志望校の順位を指定して出願させ、成績と志望順位によって各学校の入学者を決定することになった。こういったことから、同じ府立中学校の間でも学校格差が生じ始め、一中に入学志願者が集中する事態になった。小学校でも、入学試験準備教育が行われるような状態になっていたと言われる。このような状況は、入学試験が各校単独の選抜制に戻ったことで一時的なものに終わったが、湯川、朝永の二人が入学した頃の一中は、入学が最も大変な時期であったと言える。

図6-1　森　外三郎

一方、一九一八年一二月公布の高等学校令により、当時修学年限五年であった中学校から四年修了時に高等学校への進学が認められるようになった。このいわゆる「四修」制度によって湯川は三高へ進学することになるのだが、この制度の導入時には中学校の関係者の多くは中学教育の混乱を引き起こすものとして、反対運動を展開していた。一中の森外三郎校長も、「各中学の四年級は受験準備の為今より一層不安の状態に陥るべく」と四修制度を批判している。この制度は、現在の中学校・高等学校の制度が始まるまで存続するが、二人が在学していた頃の中学校制度は大きな変革期を迎えていた。

森　外三郎校長

二人が入学したときの校長は、「モリガイ」のあだ名で知られた森外三郎だった。桑原武夫が「湯川秀樹君がノーベル賞をもらったとき、自分の学問の基盤に京都一中の自由主義的な校風がある、という意味の談話を発表したことがあるように記憶する。ともかく、同君と閑談のさい、日本の理論物理学のもう一本の柱である朝永振一郎君や大塚史学の大塚久雄君をはじめ、あのころの私たちの母校はじつにたくさんの学者を出したが、軍人や政治家で名をなした人々は寥々たるもの。これはあの時代の校風と関係があり、その校風は森外三郎校長の人柄が作り出したものだろうと話し合った」（「森外三郎先生のこと――よき時代のよき教育者」『桑原武夫集』四、一九八〇年）と書いているように、湯川、朝永のみならず、一中は桑原、大塚、今西錦司、西堀栄三郎、大河内一男、奥田東等々二人と同世代で多くの著名な研究者を輩出しているが、それは森の影響によるものとする意見は少なくない。

森は、慶応元（一八六五）年金沢生まれ、東京帝国大学の数学科を卒業、三高の教授を一六年務めた後学習院に転任したが、クラスの半分の学生を落第させたことで院長と衝突して一年で辞任、イギリスなどに留学したのち、一九一一年に一中校長に就任した。森は自らの教育方針について「教授にありては、教科用書並に其の他教材の選択に注意し、所謂注入主義を排して、専ら生徒各自の自発的能力に訴へ」「彼等をして自ら進みて常に研究的態度を持するやう心掛けしむ」とともに「訓練にありては、形式的消極主義を排し、生徒の人格を認めて、其の自重心を喚起し、以って規律あり節制ある自治的共同生活に習熟せしむるやうに指導す」と述べているように、生徒の自発性を重んじた自由主義的教育を一中に持ち込むよう努めた。

その最も具体的なあらわれが図書館の制度であろう。それまで有名無実であった図書館を一九一三年に静思館と名付けて（命名者は内藤湖南）再建し、その管理を生徒たちにすべて任せた。本の買い入れ、書庫への出入り、本の貸し出し・整理から掃除まで生徒が行い、事務員は一人もいなかったという。桑原は「学校図書館とはそういうものかと思っていたが、よそはそうでないことを知って誇りを感じた」（前掲書）と記している。その一方で、森は『読書の栞』という小冊子を生徒に配り、一中に親近感を持っている新村出、西田幾多郎、河上肇らの読書論を掲載して、古典を精読するよう生徒たちに勧めていた。

また、森は新入生一人一人に校長室で面接をして、お茶を飲みながら生徒たちに将来の希望などを親しく聞いたという。これは後述するように三高の折田彦市校長がかつて行っていたことで、のちに森が三高校長に就任してからも続けたが、生徒の個性を尊重する森の姿勢がよく分かる。湯川の『旅人』の中に、森が湯川の父小川琢治に向かって、湯川の数学に関する天才的な能力と豊かな将来性を保証するという逸話が載っているが、これも生徒を一人一人把握する森だからこそあり得た話であろう。

2 第三高等学校

高等学校制度の改革と三高

第一次大戦終結後、原敬内閣のもとで日本の高等教育は大きく拡大する。一九一八（大正七）年公布の大学令によって、従来帝国大学のみであった大学が単科大学を含む官公私立に拡大したのと同様、同年の高等学校令によって、それまで第一から第八までのいわゆるナンバースクールにかぎられていた高等学校も官公私立併せて多数新設されていった。とはいえ、学校数の増加を上回る勢いで志願者数も増えており、湯川、朝永の二人が三高に入学した一九二三年では、高等学校数は二五、入学志願者は三万〇〇二九人、入学者は四七八八人で合格率は一五・九パーセントに過ぎなかった（ナンバースクールしかなかった最後の年の一九一八年は、入学志願者一万一八三三人、入学者二二六七人で合格率一九・一パーセント）。二人が入学した前後数年間は、高等学校入試は各校共通の問題で行われており、各校の合格最低線を見るとやはり一高が断然トップで、以下二高と三高が二位を争うといった状況だった（竹内洋『学歴貴族の栄光と挫折』一九九九年、による）。

三高の前身は、明治二（一八六九）年大阪で開講した化学を中心とした学校である舎密局（せいみきょく、命名の由来は化学という意味のオランダ語Chemie）まで遡ることができる。その後、三〇年弱の間に一〇回以上も校名の変更があるなど、他に例を見ないほど制度が改編されているが、最終的には一八九四年に第三高等学校となった。それより早く、一八八九年には前述のように大阪から京都の吉田（現在の京大本部構内）に移転してきている。史料によれば、当時の森有礼文部大臣がいくつかあった候補地から吉田を校地に選んだ理由は、水のよさだったという。

「自由の校風」で知られる三高だが、その形成に大きな影響を与えたのが前後三〇年近く三高とその前身校の校長を務めた折田彦市であると言われている。薩摩出身で、青年期にアメリカ留学やキリスト教洗礼の経験もある折田は、生徒と教師がお互いを「さん」付けで呼び合うことを定めた「称呼ノコト」を制定するなど、生徒の人格を尊重した教育を一貫して行ったと言われている。新入生一人一人への謁見も折田の行っていたことであり、一九〇六年に入学した田中秀央（のち京大教授）の回想によれば「校長室といっても頗る質素なものであった。室が甚だ質素であったばかりでなく、校長、名校長で名の通っていた折田校長も大いに質素であった。〔中略〕古武士の実際の姿を見たことはないけれど、古武士とはかくもありなんと、画いていた古武士の姿であった。言葉もとつとつとしており、小生の家のこと、父母兄弟のこと、三高を志望した動機や将来の目的などを問われたが、私は何かしらこれが有名な校長とは思い得ないほどに心安さを私が感じて、平気で答えた」（菅原憲二・飯塚一幸・西山伸編『田中秀央　近代西洋学の黎明』二〇〇五年）とある。生徒たちは、直接教えを受けていない者も含めて、折田を深く尊敬していたようで、校長が交代すると新校長に対して生徒が自由の伝統と校風を説き、その遵守を求めるという風習が慣例化したという。

その三高への二人の入学は一九二三年。この年度の三高は入学志願者一九八三人、入学者は三〇八人となっている。湯川は、同じ自由を旗印にする一中から三高への進学について「地理的に言っても気持の上から言っても、この学校に入ることは私にとって、隣家へひっこしをするぐらいの気安さであった。入学試験も大して苦にならない。数学で点を稼げば、落ちる心配はまずなかった」（『旅人』）と述べているが、かなりの難関であったことは間違いない。湯川は理科甲類（甲類は英語を第一外国語とする）に入った。理科甲類は人数が多いため三組まで作られ、湯川は一年のときは三組（四〇人）、同級生には物理の木村毅一や数学の小堀憲などがいた。一方朝永は理科乙類（乙類はドイツ語を第一外国語とする）に入った。理科乙類は一組だけで（四一人）、同級生には物理学の多田政忠や医学の内藤益一などがいた。

金子校長排斥事件から森校長の就任へ

二人が入学する一年前、三高では創立以来の大事件が起きていた。一九一九年に校長に就任した金

図6-2　第三高等学校の正門・本館

子銓太郎は、生徒の生活面への監督指導を強めて全校生徒の反発を呼んでいたが、一九二二年三月に「新陳代謝」を理由に長く三高に勤めて信望の厚かった教授七人の退職を勧告したことで、生徒たちだけでなく卒業生も巻き込んだ騒動へ発展することになった。二人より一年早く三高に入学した桑原武夫が「入学式でまた驚かされた。金子銓太郎という校長が壇に上って、式辞をのべ出したと思うと、上級生が一斉にやじり、足ぶみをし、何も聞きとれない。そして、その日から校長排斥のストライキが始まった」（前掲「森外三郎先生のこと」）と記しているように、四月から五月上旬にかけて授業はまったく行われなくなり、生徒たちは校長不信任を決議し、文部省にその署名簿を提出するに至った。

この間生徒たちは寄宿舎に立てこもったが、その中に湯川の次兄茂樹（のち京大教授）がいた。自宅に帰らない茂樹と生徒たちを心配して、父小川琢治は三高まで出かけていき閉ざされた校門の前で生徒たちとかけ合った。そのとき湯川は父についていったが、「どんな問答が、交わされたのか覚えがない。あるいはその応対を、聞いていなかったのかもしれない。私はその時、そのストライキの意味を、一向に考えて見ようとしなかったようだ。ただ、父についてそこまで来ただけのことである。なんとボンヤリの少年であったことか」(『旅人』)とのちに書いている。

事件は、三高出身の京大教授坂口昂などの調停もあって、五月中旬から授業が再開され、八月に金子校長の静岡高等学校への転任が発表されて落着した。生徒側の処分者は一人もなく、いわば生徒側の完全勝利であった。そして、金子の後任として校長に就任したのが一中の校長だった森外三郎だった。森は、一中時代と同様に、折田を想起させるような自由放任の教育を行ったと言われている。一中で森の感化を受けた二人は、その森を追いかけるように次の年に三高に入学することになる。

三高生の諸活動

二人が三高に在学していた一九二〇年代半ばは、大正デモクラシーと言われる時代の終わり近くにあたり、思想統制が少しずつ表面化し始めていた。逆に言えばこの時期は、「自由の校風」を旗印にした三高生にとって、戦前期最後の、最も輝いた時代であったかもしれない。

一般的に旧制高等学校では、運動部・文化部の活動は盛んであり、三高においても元々活発であったのに加えて、のちに著名な研究者を多く輩出した山岳部をはじめ、この時期にはいくつかの部が新設された。運動部では、主に一高との対校戦を目標として鍛錬を重ねていたが、この時期野球部は対一高三連勝（一九二四―二六年）を飾っており、さらに一九二五年には野球に加えて陸上、庭球、ボートの定期戦四種目すべてで一高に勝ち、初の四部完勝を遂げた。京都や東京で行われたこれらの試合のときには、応援団だけでなく、一般生徒や市民も数多く応援に駆けつけていた。そして、試合終了後の夜には、両校応援団の番外の乱闘も恒例であったという。

一方、詩、小説、評論といった文芸の面でも当時の三高は多くの人材を輩出していた。二人より少し上の学年では、日野草城、山口誓子、伊吹武彦、大宅壮一、中野好夫、吉川幸次郎、河盛好蔵などがおり、また外村繁や中谷孝雄といった一九二四年卒業生が中心となって発刊した同人雑誌『青空』の創刊号には、梶井基次郎が後年になって高く評価された「檸檬」を掲載していた。さらに二人の一年上には三好達治、同学年には丸山薫や武田麟太郎がいた。

これらとは別に、当時青年たちの間で密かに広まりつつあった社会主義思想も、この頃の一部の三高生に見られるようになってきた。一九二二年一〇月、弁論部主催で東大新人会の学生を招いて行われた講演会の後、社会問題研究会が非公認の形で誕生した（一九二四年に社会科学研究会と改称）。彼等は全国組織である学生連合会にも参加し、無政府主義者クロポトキンの影響を受けて社会科学の研究を行い始めていた。しかし、湯川、朝永が三年生になったばかりの一九二五年五月、三高出身の生物学者山本宣治の講演会開催をめぐって大量一一名の無期停学処分が下され、この年の一〇月には研究会自体も解散させられた。

このように、二人が在学していた時期の三高生は、種々の方面で盛んな活動を繰り広げていたということができる。

在学中の湯川、朝永

湯川は、このような三高に在学していて、将来の自らの方向を次第に物理学へと定めていく一方で、紀念祭、一高戦、クラス対抗など湯川なりに三高での生活を満喫していたように見える。同期の小堀憲は湯川を「目立たないおとなしい人だった」と回想しながらも「でも人から頼まれると、いやと言えん人で、応援団の太鼓なんかをかついでいたものな」と述べている。湯川自身も「私共の時代でも、三高三年間、好き勝手をして遊んでいる。勉強も少しはするかも知れませんが大体は遊んでいる。〔中略〕私自身の経験ですと、大学に入って三高時代を振り返って見て、実に馬鹿なことをして来たと思ったんですネエ、そう思って一所懸命勉強した。ところがですね、ずっとあとになって考えて見ると、やっぱり三高三年間の生活が非常によかったと思うのです。今の学生は本当に気の毒だと思います」(「座談会　森会長を囲んで」『会報』第二号、三高同窓会、一九五二年)と述べているように、一種のモラトリアム期間としての旧制高校の役割を評価している。

これに対して朝永は、三年間を通じて満足に三学期まで出席した年がないと言われるくらい病気がちで、目立ったエピソードは少ないが、友人の内藤益一によると「身体が弱々しくてスポーツは一切やらない。社会科学に特に興味を持っている様子も見えず、勿論無頼派ではない。何時もゆったりと鷹揚に落着いて、一日に習った事は少時間でその日の内に消化するらしく、試験勉強に大童と言う所を見た事がない。〔中略〕性格的にも自分と言う者を前に出そうとする所がなく、変な形容だが無色透明と言った感じで、そのくせ誰とでも親しく語り、いつもニコニコしていて、怒ったり興奮したりした所を見た事がない。女性に興味を持った事があるのか無いのか、ついぞ話題に上った事すらなかった」(「女装の朝永君」『回想の朝永振一郎』一九八〇年)と述べている。

3 京都帝国大学

京大の歴史と概要

前述のように、京都帝国大学は一八九七年に東京の帝国大学に次ぐ日本で二番目の大学として創立された。最初に設置されたのは理工科大学(現在の理学部と工学部の前身)で、以後法・医(ともに一八九九年)・文(一九〇六年)・経済(一九一九年)・農(一九二三年)の順に設置された。当時文系で複数の学部を持った帝国大学は東大と京大のみであり、京大は数少ない「総合大学」の一つであった。二人が入学した一九二六年度の学部学生数は三六一七人(ちなみに二〇〇五年度は一万三二五四人)、理学部は当時八学科(数学・物理学・宇宙物理学・地球物理学・化学・動物・植物・地質学鉱物学)で合計の入学者数は八三人、うち物理学学修者は湯川、朝永を含めて一六人だった。「入学試験には別に心配はなかった」(『旅人』)とのちに湯川が記しているように、当時の教育制度のもとでは高校入試が難関であり、年度によって少し異なるが大学入試は志願者と入学者の数があまり変わらない比較的通りやすいものだった。実際一九二六年度の理学部入学志願者は九九人に過ぎなかった。

京大は創立当初から東大とは異なった個性的な大学のあり方を追求していたと言われている。法科大学の第一期生でのち京大教授になった佐々木惣一の回想によると、それには初代総長木下広次の影響が大きかったとされ、「[木下は…引用者]何か一つ、東京の帝国大学に見られぬ、新らたなる学風というものを立てようというような御気分であったかと察せられます」「私自身が直接木下先生から聞いたところによりますれば、とにかく東京の方では学問というようなことよりも、何か、こう、直ぐに間に合うもの、法科についていえば、役人を養成する、というようなことに、どうもなって居った。然しこちらでは、学問というものを、本当の学問というものを研究するという風を立てる積りだということを伺ったのです」(「京都帝国大学創立五十周年　懐古談話会記録」『京都大学大学文書館研究紀要』

図 6-3　京大の時計台

図 6-4　二人が授業を受けた階段教室

第一号）とある。このような学問研究（真理の探究）の重視には、それを保証する自由が不可欠であるといえる。そういう考え方は一中・三高と自由の校風で勉強してきた二人には違和感なく受け入れられるものだっただろう。

当時の京大生と湯川、朝永

京大生においても前述した三高生と同様の傾向が見られた。すなわち運動部では、一九二四年から運動週間と言われる各競技をまとめた東大との対校戦が始まり、他の大学との試合も活発に行われていた。またインターハイと呼ばれる高等学校・専門学校の競技大会も積極的に主催するなど、学生スポーツで大きな役割を果たしていた。また、この運動週間における試合の報道をきっかけに、一九二五年には『京都帝国大学新聞』が発刊されている。同紙は、リベラルな立場を保ちながら、学内唯一のメディアとして貴重な役割を果たした。

一方、三高でも発足した社会科学研究会は、一九二三年に京大でも結成され同様に学生連合会に加盟、プロレタリア社会科学に関する研究だけでなく、社会への普及に力を入れようとしていた。二人が京大に入学する直前の一九二五年一二月には、軍事教育反対運動をきっかけに警察は京大・同志社大社研の学生を検束、大学の抗議もあっていったん釈放となったが、翌年一月から四月にかけて再び京大生・同大生合計三八人を検挙した。京都学連事件と言われるこの事件は、治安維持法の最初の適用事件であり、事件後社研の指導教授となった河上肇の辞職事件（一九二八年）にも繋がっていくものであった。

湯川、朝永の二人は、こういった京大の雰囲気を知らぬがごとくであった。二人の研究面の進展は本書第一章に譲るが、「理論物理学の第一線にまでたどりつこうと一生懸命になっている」（『旅人』）湯川にも、対照的に健康上の問題もあり「今から思い出してみても、学生時代に楽しかったこと、生きがいを感じたことなど、一つもなかった」（「庭に来る鳥」）と回想する朝永にも、当時の京大全体の雰囲気について物語る文章はほとんど残っていない。しかし、例えば湯川が「小梁山泊」と称した玉城嘉十郎研究室の雰囲気は、京大の持つ自由放任主義がよく表れているものであり、そういった意味でも二人にとって京大で勉強したことの意義は大きなものがあったと言えよう。

第7章 量子物理黎明期の日本

1 日本における量子論の受容

一九〇〇年にプランクが熱輻射の研究から作用量子を発見したとき、量子の曙光はさしはじめた。続いてアインシュタインが、一九〇五年に発見法的な見地からと断って光量子の考えを提唱、一九〇七年には固体の比熱の理論を出した。一九一三年にはボーアの原子構造論が出た。

これらのヨーロッパでの動向は日本でどう受けとめられただろう？　この章では、量子物理学の日本での黎明期について紹介する。湯川と朝永が登場してからの時代についてはこれまでの章の記述と重なる部分もあるが、ここでは、主人公を変えて見ていくことにする。

長岡半太郎、石原　純など

当時の科学雑誌である「東洋学芸雑誌」（一八八一年創刊）、「東京物理学校雑誌」（一八九一年創刊）および「理学界」（一九〇五年創刊）を見るかぎりでは、桑木彧雄が「留学雑記（一）」（一九一〇年）で次のように「量子」に触れた記事が最も早いようである。

> 熱輻射に関するプランクの十年来の理論的研究は……実験に符合するので著しい。しかし立ち入った内部の機構に関した根本の仮定については多くの論難がある。〔プランクは〕ハミルトンの微分方程式を守り輻射現象の不連続を容れぬほどに保守的でないが、また徹底的に不連続の存在を認めてエネルギーの具体的分子組織より光の発散説に進もうとするラヂカールに比べて保守的であるというておる。

ここで「光の発散説」とは、ニュートンの唱えた光の粒子説のことである。桑木は一九〇七年から三年間留学し、主にベルリン大学のプランクのもとに滞在した。

続いて長岡半太郎が一九一〇年一二月にヨーロッパ視察からの帰国途上、東大のニュートン祭に向けて「将に来らんとする物理学の革新」と題する檄をとばしたが、これは相対論について述べるだけで量子論には触れていない。

一九〇六年に大学を卒業し一九一一年六月から東北大学助教授となる石原純は、その直前から「物理学に於ける基礎的概念の変化とその発展」を「理学界」に書き始め、量子論にも及ぶ予定だったが一九一二年三月にドイツ留学の旅に出たため果さず中止された。

帰国後の一九一五年に石原は「作用量子の普遍的意味について」という独文の論文を発表した。これは、ボーアが、原子核の周りを周回する電子の軌道は、あるとびとびのものだけが許されるとし、許される軌道を選ぶ条件は電子の角運動量がプランクの作用量子hの2π分の一の整数倍であることとしたが、その条件の一般化を提案したもので、ゾンマーフェルトが後に出した専門書『原子構造とスペクトル線』(一九一九年)にも引用されている。これが、この時期の理論研究への日本人の寄与としては唯一のものである。

図 7-1(上) 長岡半太郎(1865-1950)東大教授、大阪大学の初代学長、土星型原子模型で有名だが、その研究業績は理論実験にわたり、磁気学・弾性論・流体力学・分光学・電磁気学・放射能・原子論から、気象観測・測地学・度量衡などに及ぶ。

図 7-2(下) 石原 純

実験研究での寄与もあった。一九一五年に京都大学に着任した高嶺俊夫は吉田卯三郎と共同で水素原子のスペクトル線の電場によるずれ（シュタルク効果）の研究を始めた。高嶺は一九一九年にウィルソン山天文台で行った分光実験で当時の理論からのずれを発見したが、これはゾンマーフェルトによって二次のシュタルク効果として説明された。その詳しい研究は一九二五年に木内政蔵が遂行した。なお、長岡は一九一五年にシュタルクの発見（一九一三年）について「東洋学芸雑誌」に報告している。

長岡が一九一五年に「東洋学芸雑誌」に書いた「量子論の梗概」は量子論の広い受容に繋がった。ここでは、輻射の放出は離散的におこるが吸収は連続的に行われるというプランクの立場にしたがい、さらに比熱の量子論やボーアの原子構造論を紹介している。一九一六年にはポアンカレの「量子説」を長岡が「東洋学芸雑誌」に訳載した。輻射の放出が $h\nu$ を単位に不連続的にのみおこるとすれば、異なる ν の振動子はエネルギーをやりとりできず、したがって熱平衡にも達し得ないという疑問を提出している。

一九一九年になると、石原の「水素、ヘリウムの原子および分子の構造」が「理学界」にあらわれる。ボーアの理論を紹介した後、石原は角運動量についてのボーアの量子条件を批判して、hは方向を有しない量であるのに角運動量は方向をもつので「これらを直接に結びつけるためには思考の相当なる段階を経る必要がある」といっている。後にシュテルン―ゲルラッハの実験が呼びおこした方向量子化のパラドックスを思わせる批判である。

一九一八年、石原は恋愛事件（石原はアララギ派の歌人としても高名だったが、おなじアララギ派の歌人原阿佐緒と恋愛し、それが新聞によってスキャンダラスに報じられた）によって東北大学を辞し、以後は科学の啓蒙に力を注ぐことになる。後に量子論研究の日本での旗手となる仁科芳雄は、この年、東大電気工学科を卒業して理化学研究所に入り、同時に大学院に入って物理学を学び、一九二一年にはヨーロッパ留学にでた。日本での量子論研究の状況は前述のようにまだ寂しいものであった。

仁科の留学中の日本

一九二二年一一月にはアインシュタインが来日して日本中が相対論ブームに沸いたが、彼の量子論への重要な寄与は話題にならなかった。

当時のボーア理論の日本の受け取り方を伝える興味ある証言がある（元信州大学教授勝木渥氏の指摘による）。中谷宇吉郎が随筆集『寺田寅彦の追想』（甲文社、一九四七年）の中で、一九二四年六月の東大でのあるコロキュームの様子を活写している。長岡が一九一三年のボーア理論を解説したとき寺田寅彦がこう言ったというのである。「電子が次の軌道に行くときが振動数 ν の光がでて、それを飛び越えてまた次の軌道に行くときには振動数 ν' の光を出すとすると、何だか電子が自分の行き先を知っていて、それに相当する光を出すような気がしますがね」と。

一九二六年には阿部良夫が「科学雑話（一）量子論」を「東洋学芸雑誌」に書き、ボーアの原子において電子が軌道間を飛び移って光を発するとき波が何波長分でるのか、おそらく何兆という数だろうが、その振幅は最初は大きく、だんだんに小さくなるのか?、それとも? と自問している。同じく一九二六年、石原が雑誌「思想」(岩波書店 一九二一年創刊)などに書いた解説を集め『物理学の基礎的諸問題(第二輯)』(一九二三年)を出版する。平易な文章だが量子論の基本的な側面を広く扱っている。しかし内容はボーア理論の展開(多重周期運動、断熱仮説、対応原理)まででド・ブローイ波には及んでいない。ましてやハイゼンベルクの行列力学(一九二五年)にもシュレーディンガーの波動力学(一九二六年)には触れていない。こうした石原の解説を朝永は高校生のときに読んだそうで、晩年にコピーを取り寄せ読み返していた。

行列力学や波動力学が一般に紹介されるのは、物理学輪講会による『物理学文献抄』が出版された一九二七年八月である。この物理学輪講会は東大の大学院生らが、大学の輪講が形骸化したのに不満をもち、次のようにして始まった。会の中心人物の一人だった鈴木昭は次のように回想している。

権威主義に対する反逆心があったわけですね。寺田先生、大学の中の空気を非常に嫌われたんです。漱石のところに行ってこぼす。それが『漱石全集』にも出てますよ。われわれ圏外にいても、だんだん分かるようになってきた。それで、われわれだけで、おもしろいことやろうじゃないか。輪講会がいい。理研の集会所でやろう。夜までできるから。

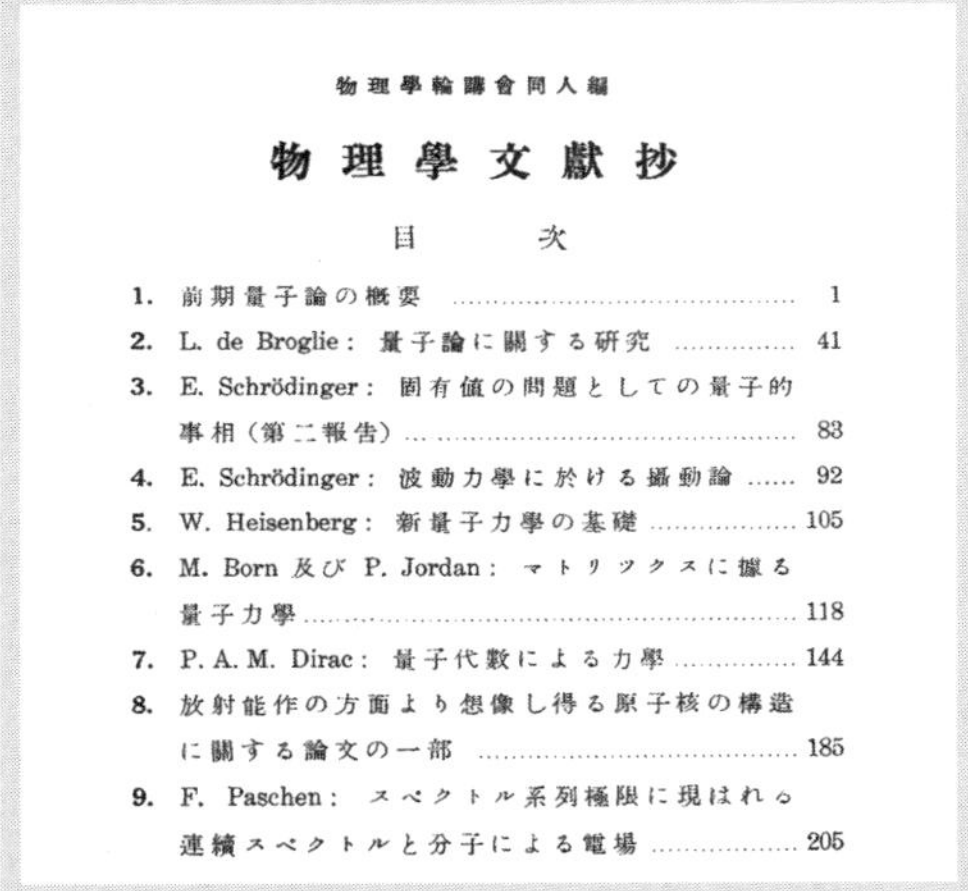

物理學輪講會同人編

物理學文獻抄

目　次

図 7-3 『物理学文献抄Ⅰ』の目次

そして、この輪講会は

せっかくやるのならば、その趣意を守るために、あとから入ってくる人を○×でね、投票できめた。入れたくない奴は入れない。実際、落第した人がいるんです

このような経緯で、これを寺田は「豪傑のコロキューム」と呼んでいた。その連中が輪講の成果として行列力学や波動力学の論文を紹介する『物理学文献抄』をだしたのである。この会は長く続き、仁科も一九二八年の暮れに帰国するとすぐに参加した。この会とは別に、一九二九年九月に仁科の招きで来日するハイゼンベルクとディラックに備える勉強会が四月ころから理研で開かれている。（勝木渥「量子力学の曙光のなかで」『日本物理学会誌』四五、七五二、一九九〇年）

一方、京都大学でも物理学教室の玉城嘉十郎研究室

で西田外彦、田村松平などが量子力学を勉強していた。一九二八年に朝永と湯川も大学三年生になって玉城研究室に入る。入りたての頃、ポツダムの天文台留学から帰った宇宙物理教室の荒木俊馬が、学生に量子力学の講義をした。「あれは非常に印象に残っている。名講義だった」と朝永はいい、湯川は「なかなかロマンティックにおやりになる。それでぼくらを大いにあじったわけや」と語っている。田村は、行列力学から入るより波動力学から入るほうがいいだろうといってシュレーディンガーの論文集をすすめた。帰国した仁科が京大に量子力学の講義にくるのは、朝永と湯川が大学院に進んで二年目の一九三一年のことである。

2 コペンハーゲンにおける仁科芳雄

キャヴェンディッシュ研究所とゲッチンゲン大学

仁科はヨーロッパ留学のため神戸から一九二一年四月五日に船出し、まずイギリスに向かった。一〇月からケンブリッジ大学・キャベンディッシュ研究所のラザフォードのもとに行き、ガイガー計数管を用いてγ線による散乱（コンプトン散乱）を受けた電子の方向分布を測定する仕事をした。論文

図 7-4　コペンハーゲンの研究所で。前列、左から仁科、木村健二郎；後列、左から杉浦義勝、堀 健夫、青山新一。

発表はなく、新しい実験技術を学ぶための実習であったかもしれない。それでも、彼にとっては近代的な装置を用いる初めての実験で、大きな意味のある経験であった。

仁科は一九二二年八月にケンブリッジを離れてドイツに渡り、ゲッチンゲンで数学者のヒルベルトや原子構造の量子論を精力的に研究していたボルンの講義を聴く。そこで祖母の死を知らされ、帰国の意思をなくし、長期滞在に繋がった。

なお、ゲッチンゲン大学には後に杉浦義勝が学び、ハイトラー―ロンドンの水素分子の量子論を完成させる仕事をして一九二八年一月五日に帰国した。杉浦は帰国後、東京で「新量子力学とその応用」という講演を二晩にわたってしている。この地には、鉄属物理学の本多光太郎が一九〇七年から、化学反応論の堀内寿郎が一九三二年から、それぞれ一年間の留学をしている。

ボーア研究所

帰国の意思をなくした仁科は、ケンブリッジ滞在中に講演を聴いたボーアの原子構造論を学ぶべく願い出て助手となり、一九二三年四月にコペンハーゲンに移る。滞在は一九二八年一一月まで、四年半に及んだ。

はじめはX線分光の実験をとおしてボーアの原子構造論を深める研究に従事し、とくにジルコニウムの鉱石に含まれるハフニウムの定量法の改良でヘヴェシーの信頼を得た。仁科がボーアの研究所に行ったのは、ヘヴェシーらが七二番元素ハフニウムを発見した直後だったのだ。七二番元素は、X線スペクトルのモーズレイの規則によってフランスのウルベインが発見し希土類に属すると発表していたが、ボーアの理論によれば希土類は七一番元素で終わり、次はジルコニウムと同じ化学的性質をもつはずだった。ヘヴェシーらは七二番元素をジルコニウムの鉱石の中に探して発見し、ボーア理論の予言どおりの化学的性質をもつことを確かめたのである。一九二六年、ヘヴェシーがドイツのフライブルク大学に移った後、仁科はX線分光学の化学への応用の実験室主任になった。

この間、一九二五年にはハイゼンベルクが行列力学を、一九二六年にはチューリッヒのシュレーディンガーが波動力学を提案した。研究所ではハイゼンベルクなど所内の人はもちろん、所外からも多くの人々がきてセミナーをした。いつも激しい討論になったが、シュレーディンガーのときは、行列力学に染まっていたボーアの反対討論はとくに激しく、遂に床についたシュレーディンガーの傍らでボーアは議論を続けたという。仁科はそれらのセミナーに出て量子力学の発展を追い、克明なノートを残している。

一九二七年ころから仁科は量子力学の理論の勉強に転じた。一一月から翌年二月までドイツのハンブルクに行ってパウリの量子力学の講義を聴き、またアメリカからきていたラビと一緒に原子によるX線吸収の量子論を研究、論文にまとめた。またクリスマス休暇にはボーアがイタリアのコモ湖畔で開かれたヴォルタ記念国際会議（一九二七年九月一六日）で行った講演「量子仮説と原子理論の最近の発展」をドイツ語から英語に訳すのを手伝った。いわゆる相補性原理の論文である。

一九二八年の二月にはディラックの相対論的電子論の論文がでた。コペンハーゲンに戻った仁科は、クラインと一緒に、この新理論の試金石として電子によるγ線の散乱（コンプトン効果）を計算し、いわゆるクライン—仁科の公式を得た。ディラックの理論は電子の波動関数を四成分とする新しい形式をもち、その物理的な意味も定かではなく、手探りの計算をしなければならなかった。後の実験で、この公式は、ゴルドンの理論などとはちがって、実験によく合うことが分かり、ディラック理論を強力に支持することになった。

この論文を携えて仁科は帰国の途につく。途中、アメリカを旅行するが、そのとき訪ねた知己は数多く、後にアメリカ物理学の指導者になる人ばかりであり、どの人も仁科を丁重に遇している。コペンハーゲンにおける彼の位置が偲ばれよう。

3 理化学研究所

仁科が持ち帰ったものは単に研究成果に止まるものではない。師弟の間の分け隔てない自由な討論、専門の枠を越えた協同研究、巨大な実験装置の建設――これらが、この国の研究界の風土に新風をもたらし、現代物理学への土台を作った。それを支えたのが理化学研究所（理研）のシステムであった。

理研創立

話は少し遡るが、理化学研究所の創立は一九一七年三月、第一次世界大戦の最中である。一九一四年の七月から一九一八年一一月まで続いた大戦に巻き込まれたヨーロッパ諸国の工業生産が低下し、輸入製品に多く頼っていた日本では緊急の対策が必要になった。化学工業や鉄鋼・機械工業を大幅に進展させることを目標に、基礎研究をも視野に入れた理化学研究所を作ることになった。すなわち工業といわず農業といわず、理化学に基礎をおかないすべての産業は、とうてい堅実なる発展を遂げることができない。殊に人口の稠密な、工業原料その他、物資の少ないわが国においては、学問の力によって産業の発達をはかり、国運の発展を期するほかはない。

当所の目的は、この重大なる使命を果たすことである。

大河内所長

一九二一年、第三代目の所長に就任した大河内正敏は、物理部と化学部の対立を解消するため「主任研究員」制度を導入した。物理部、化学部を解消し、部長などの職制も廃して主任研究員のもとに研究室を独立させる。予算は研究室毎に割り当て、主任はそれを室員の給与と研究費に自由に配分する。出発当時の主任研究員は一四人であったが、東大、京大に研究室をもって理研にはもたないもの各一名、東北大と理研の両方に研究室をもつものが二名いた。この独特の「分室制度」は大学間の壁を取り払うのに役立った。

各研究室の予算は春の研究室会議で提議され大河内が決裁した。予算といっても、不足がでれば補填し余れば翌年に繰り越してよい。いわば放漫財政で、一九二三年には予算を縮小するか基金を食いつぶすかの問題に直面した。大河内の「基金のなくなるまで、思い切って積極的にやる。お手上げになっても、成果さえあがっていれば政府も放ってはおくまい」という言明は有名である。理研は発明があれば工業化のため新会社を作った。一九二七年には（一）発明の工業化、（二）工業化にのりだした他の会社の製品販売、（三）理研の工業所有権の譲渡の仲介、を目的に理化学興業を設立、理研コンツェルンへの道を開いた。理研は発展を続け、自身の規模も拡大し、分室の数も増えていったのである。

4 理研における仁科芳雄

一九二八年一二月二一日に帰国した仁科は理研に戻った。それに先立つ一二月五日から六、七、一九日とゾンマーフェルトが東大および理研で講演した。それを聴いた有山兼孝は「初めて量子力学への親近感をいだいた」と述べている。「それまで原子や分子とだけ結びついていた量子力学が大きな塊としての物質に結びつき、抽象的だった量子力学が身近な物質のところまで降りてきたという感じがした。」ゾンマーフェルトの講演は波動力学の基礎的問題から始めて金属電子論に及んだのである。彼は京都大学でも講演した。それを大学三年生だった朝永も湯川も聴いている。

仁科は翌年二月一五日に長岡研究室に配属され、量子力学とその応用を研究テーマとすることになった。二月二三日には親友の名和武の妹と結婚している。彼はコペンハーゲンの先輩ヘヴェシーに

「あなたは、こんなに重要な人生の事柄がかくも短期間になされたことに驚かれることでしょう。西欧的な観点からすれば、ほとんど不可能でありましょう」と書き送った。おそらく同じことをコペンハーゲンの友人ウェルナーへの手紙にも書いたのであろう。こういう返事がきている。「日本の流儀がヨーロッパと同じでないことは当然ですが、すでに千年の伝統をもつ流儀が間違いであるはずはありません。」

量子力学の伝道

理研に戻った仁科がまずしたことは、X線スペクトルの研究に加えて、量子力学を日本に移植する努力であった。第一に、彼はハイゼンベルクとディラックを招聘して一九二九年九月二日から七日まで東大および理研において講演会を開き、それを全国の大学に公開した。この年に京大を卒業し無給副手として勉強を続けていた朝永も、この講演会にはるばるかけつけた。後に、こう書いている。「この講演を東京で独占しなかったのは画期的だった。これは理研という機関が大学のような閉鎖的なやりかたをしていなかった顕著な例だ。」さらに仁科は、その記録を『量子論諸問題』（一九三二年）という本にまとめ、全国から希望者を募って配布した。

ハイゼンベルクとディラックの講演に先立ち長岡半太郎が挨拶し、こう述べた。「ハイゼンベルク教授とディラック博士がこんなにも若いときに未踏の道に踏み出したことは賞賛すべきであります。

その歳の日本の若者たちは試験に汲々として講義のノートにとらわれている。彼らは両先生の講演から研究への強い刺激を受けるでしょう。」この講演を聴いた曽根武は、長岡が「ハイゼンベルク先生」といったと語っている。「とうとう言ったな」と思った。長岡は日頃「何か偉い仕事をしたら、弟子に対してもおれは先生という」と言っていたからである。講演の最後の二日間にハイゼンベルクはパウリと協同の「場の量子論」について、ディラックは「相対論的電子論」について話した。ディラックは九月九日に京大でも講演した。この講演を開くことができたのは、ゾンマーフェルトの京大講演もそうだったが、理研の分室が京大にあったからである。

一九三一年の五月、仁科は理研の分室をもっていた京大の分光学者木村正路に招かれ、ほぼ一か月にわたり量子力学の集中講義をした。出たばかりのハイゼンベルク著『量子論の物理的基礎』（一九三〇年）による講義で、当時、大学を卒業して二年目だった朝永は、後に「物理的肉付けと哲学的背景をたっぷりもった講義で、それまでもやもやとしていた事柄も、聴いたとたんに明確になるようなものだった」と回想している。「それにもまして、講義の後の論議は忘れられないものであった。」実は、はじめは恐る恐るだった。質問するにも勇気がいった。「質問しようと思ってみたり、やはり止めておこうと思ってみたり、また煮えきらない自分をはがゆいと思ってみたり」だったが、いざ質問をしてみると「気軽に答えてくださるので安心した。」この後、仁科は朝永を理研に誘った。

この年の四月には石原純を主任編集者として雑誌『科学』（岩波）が創刊された。仁科は編集者の一人として参加して量子力学の発展を解説し、その意味の理解を広めることに意識的に努力した。また量子論について電気学会の専門講習会で講演したり、電気学会誌に寄稿したりと、日本の物理学を量子論に導くために努力した。

理研仁科研究室と阪大菊池研究室

この一九三一年七月に仁科は理研の主任研究員となり、仁科研究室が創設された。この年の研究テ

図 7-5　大阪帝国大学は、長岡半太郎を学長にして、1931 年に理学部、医学部で発足した。創設時の物理学科主任は八木秀次だった。原子核物理の教授として菊池正士が招かれた。コッククロフトーウォルトンの加速器の前に立つ菊池正士（後列の右から二人目）と伏見康治（前列の左端）。

ーマは①量子論、②原子核の研究、③X線分光学による原子および分子の研究、④分光学による化学分析とその応用であったが、翌年③と④がなくなり⑤宇宙線の研究、⑥高速陽子線の発生に変わった。この年の九月には北大に招かれて量子力学の集中講義を行った。

一九三二年、湯川は京大理学部の講師となり、田村松平の後を受けて量子力学の講義を始める。朝永は仁科に誘われて理研に移った。朝永が驚いたことは「その全く自由な空気」「おたがいに遠慮なく討論するそのありさま」と菊池正士や藤岡由夫など「東京の連中の頭の回転の速い」ことであった。「セミナーは、この遠慮のない血の巡りの速い連中の全く形式も儀礼も無視した討論で、生き生きと進んでゆく。また外遊から帰って来たての人々の何か新鮮な雰囲気はたいへんに印象的であった。」この自由な討論こそ仁科がコペンハーゲンのボーアの研究所から持ち帰ったものである。

この一九三二年は「発見の年」であった。アメリカのアンダーソンが宇宙線の中に陽電子を発見した。またイギリスのチャドウィックは中性子を発見、これが原子核の構成要素の謎を解くものであることをハイゼンベルクが指摘した。原子核は陽子と中性子からなるというのだ。しかもハイゼンベルクは陽子と中性子は同一の粒子の異なる状態であると主張し、その粒子を核子と名付けた。

当然、核子を緊密に結びつけて原子核を作らせる強い力（核力）はどうして生ずるのかが問題になった。一九三三年四月の物理学会で仁科は、湯川が講演で「電気力を光子が媒介するように核力を電子が媒介すると考えたいが、種々の困難に出会う」というのを聞き、湯川に「ボース統計にしたがう電子を考えたらどうか」と示唆した。当時そのような粒子は知られていなかったので湯川は逡巡したが、一九三四年の一〇月に新粒子の存在の仮定に踏み切った。中間子論の誕生である。

一九三三年の五月に湯川は大阪大学の理学部講師となる。一九三一年創立のこの阪大に菊池正士が一九三四年に赴任してきた。湯川は菊池研究室のコロキュームに出て驚いた。「菊池さんという人は、偉い人やと思うけれども、ぼくらの分かっているようなことをどんどん訊くんです。」「ぼくはハタと悟りまして、これはいいな、ぼくも何でも訊こう。理研とか阪大の研究室というのは、そういうことができるのや。ドイツ的、コペンハーゲン的伝統やな。非常に大事なことなんや。」と湯川は後に語っている。

朝永は一九三三年に、仁科と相談して、アンダーソンが宇宙線の中に発見した陽電子はディラックの相対論的電子論のいう陽電子であり、それは宇宙線の γ 線によって創られる陰・陽の電子対の片割れに違いないと考え、その確率を計算して裏付けとする研究に乗り出した。その成果（一九三四年）はハイトラーの標準的教科書『輻射の量子論』（オックスフォード、一九三五年）に引用されている。

一九三四年、学術振興会（一九三二年設立）に宇宙線小委員会（第一〇委員会）ができて、仁科の宇宙線実験も本格化する。理論も含めて研究成果も出始める。同年五月の理研学術講演会への仁科研からの次のような研究発表からもその様子が伺える。

陽電子に関する問題　――仁科芳雄・朝永振一郎・坂田昌一
陽子による原子核の破壊　――仁科芳雄・嵯峨根遼吉・新間啓三・皆川理
ウィルソン霧箱による宇宙線の研究　――仁科芳雄・嵯峨根遼吉・竹内柾・富田良次
誘導陽電子放射能　――仁科芳雄・嵯峨根遼吉・竹内柾・富田良次

ここに挙げた陽子による原子核破壊とは、一〇〇キロボルト余りに加速した陽子をリチウムにあて、二つのヘリウムに分裂させる実験、誘導放射能とはラドンからのα粒子をアルミニウムにあてて作った放射性の燐からの陽電子のエネルギーを、磁場をかけたウィルソンの霧箱で測ったという報告である。

この一九三四年の一〇月、湯川は核力を媒介する粒子の質量ｍと核力の有効距離ａとの間にa=h/(mc)という関係があることに気づく。ｈはプランクの定数、ｃは光速である。ａの実験値からｍは電子の質量のおよそ二〇〇倍という見積もりを得た。これは未だ知られていない粒子である。湯川は、この新粒子が媒介すると仮定して核力の理論を発表する。この粒子は、やがて中間子と呼ばれるようになる。

小サイクロトロンと宇宙線

仁科が理研に建設中だった小サイクロトロンが一九三七年四月に完成した。磁場の強さ一・二八テスラ、磁極の半径三三センチメートル（励磁コイルを入れた重さ二三トン）、ディーの直径二八センチメートル（イオンの最大軌道半径二七センチメートル）。これで重水素を約四〇〇万ボルトまで加速し、六〇マイクロ・アンペアまで得ることができた（通常四〇マイクロ・アンペアで用いた）。この重水素をリチウムにあてて中性子にし、一方では周期律表の元素に順次あてて生ずる放射性核種の性質を調べた。重い核にあてたとき生成核の多様なのに困惑したが、あとから思えば核分裂がおこっていたのだ。他方、放射性ナトリウムを作って生物学の実験にトレーサーとして用い、あるいは中性子を生物に直接に照射して遺伝への影響を調べた。

この一九三七年には、仁科の年来の願いであったボーアの来日が実現した。その後、朝永は日独交換留学生としてドイツはライプチヒ大学のハイゼンベルクのもとに行く。一九三九年には、湯川にソルベイ会議への招待状が届く。旅費や出国手続きについて仁科と頻繁に交信している。湯川は六月三〇日、神戸より船に乗りヨーロッパに向かった。しかし、第二次世界大戦が勃発して会議は中止となり、帰国。ライプチヒに留学中の朝永も帰国する。

この年、ウランの核分裂が報じられた。サイクロトロンの実験も矛を転じ、一九四〇年には速い中性子によるウランの対称な（ほぼ大きさの等しい二つの核への）分裂を発見した。外国では遅い中性子で実験していたので分裂は非対称であった。

宇宙線の実験では、清水トンネル内の水深三〇〇〇メートルに相当する厚さの岩盤の下で宇宙線の強度を測定。そのデータは一九五三年にでたハイゼンベルク編『宇宙線』でも世界最深として紹介されている。また湯川が予言した中間子を大型ウィルソンの霧箱でさがして発見。アメリカでの発見とほぼ同時であったが、彼等より粒子の質量を精度よくきめて粒子の同定を確実にした（しかし、一九四七年に湯川中間子πが壊れたあとのμ粒子であったことが判明）。この成果に立って、仁科は湯川らを招いて新粒子に関する討論会を開く。これは、やがて定期的かつ全国の研究者を集める中間子討論会に発展する。

この一九三九年五月に湯川は京都大学に戻り教授となる。朝永が東京文理科大学（後の東京教育大学、現在の筑波大学）教授となるのは一九四一年である。この年の一二月に太平洋戦争が始まった。湯川は一九四二年から一九四六年まで東大教授を兼任、朝永は一九四四年から東大講師を務めた。

朝永は一九四三年に場の超多時間理論を提出し、それに基づく量子電磁力学のくりこみ理論を一九四八年に完成する。それにには伊藤大介ら文理大グループに加え、戦争中、東大で朝永の講義を聴き一九四五年の敗戦後、文理大の朝永セミナーに集まった木庭二郎らの力が大きかった。湯川が中間子論に対し、朝永が量子電磁力学の研究に対してそれぞれノーベル賞を受けるのは一九四九年、一九六五年である。

5 物性論の進展

この章の主題は「量子物理黎明期の日本」であった。量子物理のうち、いわゆる原子核物理については前節までで黎明期を脱したといってよかろう。では、物性論ではどうであったろうか。高橋秀俊は次のように書いている（『わが師わが友』二、みすず書房、一九六七年）。

〔一九四〇年ころの〕物理学界の情勢についていうと、そのころまでは、いわゆる分光屋が量子物理の正統派として絶対多数を占めていたが、いまや固体論その他、今日でいう物性屋が特に若手の方で頭をもたげてきた。しかし、量子物理のもう一方の旗頭で理研を中心とする原子核屋の鼻息が荒く、特に核屋はチームワークが得意で結束が固いので、彼らには〝原子核屋にあらざるものは物理屋にあらず〟といわぬばかりの態度がみられた。東大の物理は物性に関する一つの中心をなしていたから、この風潮が面白くなく、物性研究者が集まってインフォーマルに話し合える会を作り、同時に物性という新しい分野ができたんだぞということを外にPRしようという話が、東大の諸先生をはじめ主として物性理論の中堅の人を中心としてもちあがった。これが物性論懇談会である……。

この会ができたのは一九四二年一〇月。代表者は東大の落合麒一郎、世話係は

有山兼孝（名大）　犬井鉄郎（京城大）　梅田　魁（北大）　小谷正雄（東大）
高橋秀俊（東大）　永宮健夫（阪大）　原島　鮮（九大）　村川　絜（航研）
広根徳太郎（東北大）湯川秀樹（京大）

であった。一九四三年に三回の講演会を開き、雑誌『物性論研究』を発刊した。しかし、戦争のため一九四四年五月に第三号をだして休刊。一九四五年の敗戦を迎えた。

戦後、日本の物性論研究は、電子工学の拡大とも連動して、大きく拡大、前進した。江崎玲於奈が半導体におけるトンネル効果の発見（一九五八年）に対してノーベル賞を受けるのは一九七三年である。

第8章　拓かれた素粒子の世界——南部・小林・益川へ

1　中間子論から素粒子の標準理論へ

中間子論の提唱とされる湯川の処女論文の表題には「素粒子の相互作用について」という壮大な研究テーマが掲げられている。このテーマの解決編というよりはこれから学界で取り組むべき研究プロジェクトを提案したようなものであり、「湯川プロジェクト」とでも呼べるものである。そして、この「湯川プロジェクト」への成果報告書が、一九三五年から四〇年ほどして提出された、「標準理論」であるという見方ができる。湯川の業績の大掴みなとらえ方としてはこの視点が大事である。問題解決というよりは素粒子物理学という研究領域の創造者という視点である。

中間子論誕生の動機は、しばしば、核力を説明しようとしたという文脈で語られるが、実際には核力とベータ崩壊の一括説明を試みたものである。現代風にいえば電磁気力、強い力、弱い力の三つに関わる新粒子を導入した。湯川が素粒子物理の創始者たる所以は「場の量子論を理論ツールとする」と「素粒子の世界はまだ全貌が拓かれておらず実験で探索する」という二つの戦略を提示したことである。中間子はこの戦略に沿った手始めの具体的提案であり、一九三七年以後、世界はこの戦略に沿って走り出した。

ここで「探索」の主役は実験研究であり、初めは宇宙線、後には大型加速器での実験がこの世界を拓く原動力となった。一九五〇年代の「探索」でパイ中間子に続いて新粒子が続々と発見された。ハドロンと分類されることになる一群の素粒子は、クォークの複合粒子であることが分かった。坂田昌一はこの解明で指導的役割を果たした。この過程で、電磁力での電荷に相当する強い力と弱い力に特有な新自由度が発見され、それらを扱う対称性の新ツールが追加された。そして、この対称性と場の関係としてゲージ理論が見出されて標準理論への大団円となるのである。「中間子論から標準理論まで」という視点で、現時点で整理して歴史を単純化するとこういうことになる。

しかし実際の歴史では着地点が分からないのであるから一筋縄ではなかった。大きな紆余曲折の一つは一九六〇年代の場の量子論不信の時代である。すなわち湯川プロジェクトの第一の指針への確信が揺らいだ時期である。またハドロンが複合系であるという若干の見込み違いはあったが、概ね湯川が四〇年前に提起した「指針」の想定内で納まっていたといえる。標準理論にはまだヒッグス機構などいくつかの課題が残されているが、湯川プロジェクトの一応の完結として素粒子の世界を支配する基本力は場の量子論で記述される三つの力にまとまった意義は大きい。とくに日本の物理学者にとって、これら三つの力と重力を含めた「四つの力」の一つである「強い力」を日本人が先導したことは誇りに感じる。重力はガリレオ、ニュートン、電磁気力はクーロン、ガウス、アンペア、ファラデー、マックスウエル、など、弱い力はパウリ、フェルミ、強い力はユカワ、という見方ができる。

表 8-1　素粒子相互作用の標準理論まで

1925、6年	量子力学
1928年	相対論的電子場の理論
1928年	場の量子論
1932年	陽電子、中性子発見
	原子核構成、ニュートリノの説
1933年	ベータ崩壊の理論
1935年	中間子論
1937年	ミュー中間子発見
1948年	パイ中間子発見
1948年	量子電磁気学のくりこみ理論
1950年代	新粒子発見、ハドロン励起状態
1963年	クオーク仮説
1967年	電弱ゲージ理論
1971年	ゲージ理論のくりこみ可能証明
1973年	中性流弱相互作用検証
1974年	J／Ψ発見
	QCDの漸近自由証明
1983年	弱ボゾン発見

2 力も物質も場

近代物理学を理解する基本になるのは、場の理論である。地上で物体を手から離すと地球からの重力を受けて落下するが、物理学ではこれを「地球がその周りに重力の場を作り、その場の作用を通じて物体に地球の重力が及ぶ」と見る。このように、物体に力が働く場合には必ず「場」が存在すると考える。質量があるとその周りに重力場が作られ、電荷の周りには電場が作られ、磁石の周りには磁場が作られている。電場と磁場は互いに関係し合っており、電磁場という一組の場と見なされる。電磁場は四つのマックスウエル方程式にしたがう。

電荷や磁石を少し動かすと、周りの電磁場も少しゆがむ。この様子は水面の波の動きに見立てることができる。水面のどこかが一様な高さからずれると、水はそれを戻す方向に作用して、高い部分は押し下げられ、周辺の低い部分は逆に引き上げられる。しかしこの修復過程の勢いで、行き過ぎてやがて逆方向へのずれが再び引き起こされ、それをまた戻そうとする作用が発生する……。その結果、振動が発生して、波が水面を伝搬し拡がっていく。電磁場でも同様に、ゆがみがあるとそれを無くす方向に場が作用する。その結果、波が生まれ、電磁波として伝わってゆく。テレビや携帯電話に使われている電波はこのような電磁波の一種である。赤外線や可視光（人間の目に見える光）、紫外線やX

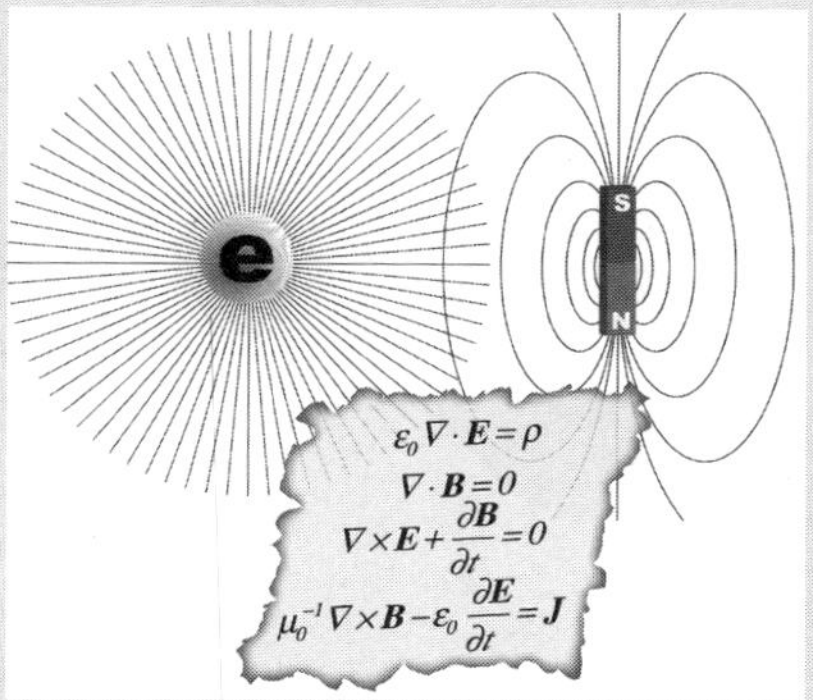

図 8-1　電荷の周りの電場Eと磁石の周の磁場B、および、マックスウエルの電磁場の方程式。

線、も電磁波の一種である。重力場でも、重い物体を激しく動かすと重力波が発生すると考えられ、検出する実験が試みられている。

逆に、波動という運動があれば、それに対応した場が存在している。水面の波では水が場として働き、電磁波では電場・磁場が場である。音は空気の密度が一様からずれることが波として伝わることである。古典力学による場の性質はこのようなものである。素粒子は、量子力学によって記述され、粒子と波の性格を併せもっている。電子や中性子も拡がった波として回折や干渉を起こし、光も光電効果などでエネルギーの集中した粒子として振る舞う。波としての側面に着目すると、素粒子にはそれぞれ対応する場が存在すると考えられる。この見方によると、素粒子とは場のゆがみが波として伝わっている状態である。静止した素粒子は同じ場所で揺れ続けている波に対応する。電子は電子場の波で、中性子は中性子場の波である。場の量子力学的な記述をする理論を「場の量子論」という。

陽子や中性子は強い核力を及ぼし合って原子核を構成する。これは陽子や中性子が周りに核力の場を作っているからであり、湯川は核力の場に対応する素粒子が存在すると考えて中間子を提案した。この考えでは陽子や中性子は中間子をキャッチボール（交換）することで核力を及ぼし合う。核力がごく短距離でしか作用しないことは、中間子が質量を持つことで説明される。湯川は、実験で分かっていた核力の性質から中間子の質量を計算して当時まだ未知の粒子を予言した。

陽子や中性子も場で表され、その核力も中間子の場で表される。つまり、素粒子の世界では、力を受ける物質も力自体もすべて場によって表現される。したがって素粒子の間の力の問題は様々な場がどう作用するかの問題となる。

離れた物体の間に力が瞬時に作用するのではなく、場を通じて段階的に伝わる。この見方は相対性理論と矛盾しない理論を作る上で重要である。朝永は場の量子論を相対論的に不変な形で記述するために「超多時間理論」を提案した。空間の各点にそれぞれ別の時間を与え、それらが独立に時間発展できるとした理論である。超多時間理論は後のくりこみ理論の完成に重要な役割を果たし、場の量子論を完成させた。

3　くりこみ理論——無限大の矛盾に挑戦

素粒子は周りに場を作り出すことで他の素粒子に力を及ぼすが、作り出された場は源の素粒子にも作用する。この反作用により「真空偏極」や「輻射補正」と呼ばれる効果が発生する。しかし、従来の理論でこれらの効果を計算してみると、計算結果が無限大になるという矛盾がおこる。一九三〇—四〇年代、これが大問題になっていた。

一方、我々が観測している物理量には真空偏極や輻射補正の効果がすでに含まれているはずである。この測定される量はもちろん有限である。従って、真空偏極や輻射補正の無限大の補正が、補正前の「裸の」量によって打ち消されているならば、形式的に有限な結果を得ることができる。これが「くりこみ」という考え方である。しかし、計算している物理量毎にこの処理が測定値と合わせるのでは、理論の予言力が無くなってしまう。

朝永は、超多時間理論によって相対論的対称性を正しく取り入れることに成功した。そして、この対称性により、真空偏極や輻射補正の計算で出現する無限大が、電子の質量や電荷にだけあらわれることを示した。つまり、裸の質量と裸の電荷に無限大を吸収させ、（[裸の量]＋[輻射補正]）という量に実際に観測される有限な質量や電荷に置き換えるだけで、他の物理量にも有限の計算値を得ることができるのである。この「くりこみ理論」により量子電磁力学（ＱＥＤ）という電磁気力の場の量子論が完成したといえる。

電子は自転することで磁石の性質を持つ。その強さはスピン（自転の大きさ）に比例し、その比例係数を磁気能率gと言う。一九四〇年代の実験により、磁気能率や原子のエネルギー準位が真空偏極や輻射補正を無視した単純な理論値からわずかにずれていることが発見された。磁気能率のずれを「異常磁気能率」、原子のエネルギー準位のずれを「ラムシフト」と呼ぶ。

朝永らはくりこみ理論による量子電磁力学（ＱＥＤ）で真空偏極や輻射補正を正しく取り入れた計算を実行し、これらの実験値を精密に説明することに成功した。当初は無限大問題の解決策としては疑問視されていたが、この成功で素粒子の理論としての正しさが証明された。この業績で朝永、ファインマン、シュヴィンガーの三氏にノーベル賞が与えられた。

4 標準理論——四つの力と物質の構成単位

原子は原子核と周りを回っている電子に分けられる。原子核はさらに陽子と中性子に分解できる。さらに二〇世紀後半の実験により、陽子や中性子は「クォーク」という基本構成子三個から作られて

コラム3　くりこみ理論の成果

量子電磁気学（QED）は人類が持つ最も精密な理論の一つである。電子の磁気能率gの実験値と理論値は

$$\frac{g-2}{2}=\begin{cases}1159\,652\,188.2(6.1)\times10^{-12} & \text{実験値}\\ 1159\,652\,175.9(8.5)\times10^{-12} & \text{理論値}\end{cases}$$

のように9桁もの精度で一致している。(括弧内の数字は最後の桁の誤差)。実験値は R. S. Van Dyck et al., Phys. Rev. Lett. 59 (1987) 26、理論値は T. Kinoshita and M. Nio, arXiv : hep-ph/0507249 (2005)。

図 8-2　電子は自転により磁化する。その強さは自転の大きさに比例し、その比例係数を磁気能率という。

いることが分かった。実験技術は飛躍的に向上され、現在10^{-20}メートルまでの精度で物質の構造を調べることができているが、クォークより基本的な粒子はまだ見つかっていない。

クォークは、u（アップ）、d（ダウン）、s（ストレンジ）、c（チャーム）、t（トップ）、b（ボトム）の六種類が見つかっている。それぞれが「カラー」と呼ばれる三種類の属性を持っており、それが強い力を及ぼし合う原因になっている。カラーは電気の電荷のような力の源のことで現実の色とは無関係であるが、三つのカラーが均等に組み合わさると無色（無力）になるという特性を持つので三原色のカラーになぞらえた用語が使われている。陽子や中性子などを構成する三つのクォークはそれぞれ違うカラーを持っている。どのクォークがどのカラーかは強い力によってめまぐるしく変わるが、陽子や中性子全体としては常に無色になっている。カラー荷の力の粒子をグルーオンという。

クォークで作られている核子（陽子、中性子）や中間子はハドロンと呼ばれる。ハドロンのカラー荷はゼロであるが、短距離ではお互いに力を及ぼし合う。この事情は、原子核と電子雲の電荷の総和がゼロでも原子の間に分子を作る電気力が働くのと似ている。量子色力学（QCD）の見方では核力の強い力は分子間に働く電気力のようなものに当たることになる。

電子やニュートリノもそれ以上細かい構成単位は見つかっていない基本単位で、「レプトン」と呼ばれる。電子（e）の仲間としてミュー粒子（μ）とタウ粒子（τ）が見つかっており、対応してニュートリノも、電子ニュートリノ（ν_e）、ミュー・ニュートリノ（ν_μ）、タウ・ニュートリノ（ν_τ）の三

図 8-3　基本粒子と４つの力を媒介する粒子

基本粒子			
クォーク	$\begin{pmatrix} u \\ d \end{pmatrix}$	$\begin{pmatrix} c \\ s \end{pmatrix}$	$\begin{pmatrix} t \\ b \end{pmatrix}$
レプトン	$\begin{pmatrix} e \\ \nu_e \end{pmatrix}$	$\begin{pmatrix} \mu \\ \nu_\mu \end{pmatrix}$	$\begin{pmatrix} \tau \\ \nu_\tau \end{pmatrix}$

四つの力	クォーク	レプトン	媒介する粒子	標準理論
重力	○	○	重力子	
弱い力	○	○	W、Z粒子	電弱理論
電磁力	○	○	光子	QED（電弱理論）
強い力	○		グルーオン	QCD 量子色力学

種類が見つかっている。

　クォークは、電磁気力、弱い力、強い力、重力の四つの力を及ぼし合っている。電気を持つレプトンは、電磁気力、弱い力、重力で反応するが、ニュートリノは電気的に中性なので、電磁気力は持たない。弱い力はクォークやレプトンの種類を変える相互作用で、ベータ崩壊などを引き起こす。強い力はクォーク同士を強く結合して陽子や中性子を構成させている核力の原因である。

　これらの力の性質はそれぞれの場の量子論によって記述される。電磁気力を記述するのは量子電磁力学（ＱＥＤ）と呼ばれ、強い力の理論は量子色力学（ＱＣＤ）と呼ばれる。ＱＥＤと弱い力は電弱理論（ワインバーグ・サラム理論）で統一的に表されている。ＱＣＤと電弱理論を併せて、素粒子の「標準理論」と言う。重力の場の量子理論はまだよく分かっていない。

　それぞれの力の場には対応する素粒子があり、その交換

図8-4　ジュネーブ郊外CERN研究所のLHC（地下）を示す円（写真：CERN）

により力が伝わる。電磁気力は光子により伝わり、弱い力はW粒子やZ粒子の交換により引き起こされる。強い力を伝える粒子はグルオンと呼ばれている。

この素粒子標準理論に含まれていてまだ見つかっていない粒子が一つある。「ヒッグス粒子」である。標準理論によると、クォークやレプトンはヒッグス粒子によって、質量を獲得する。また、後述の統一理論によると、強い力、弱い力、電磁気力は、同じ力からヒッグス粒子によって分化してきた。つまりヒッグス粒子は、強い力はなぜ強いのか、弱い力はなぜ弱いのか、素粒子の質量はどこから来るのかなど、様々な謎に深く関わっている。その性質を調べることにより、こうした謎の解明に向けての大きな手がかりが得られると期待されている。ヨーロッパのCERN研究所で巨大加速器LHC（円周二七キロメートル）が二〇〇八年に完成し、二〇〇九年からの国際共同実験によってヒッグス粒子を発見できるのではないかと期待されている。

5 宇宙からのニュートリノは日本でキャッチ

原子核に含まれる中性子が陽子に転換したり、逆に陽子が中性子に転換して、原子核の種類が変わるのがベータ崩壊である。その際、電子やその反粒子の陽電子が放出される。ベータ崩壊は弱い力によって引き起こされる。

崩壊前後の原子核のエネルギーと放出される電子や陽電子のエネルギーを詳細に調べてみると、ベータ崩壊によってエネルギーが失われているように見えることが分かった。一九三一年、パウリは、「ベータ崩壊でエネルギー保存則が成り立たないように見えるのは、観測できていない未知の粒子「ニュートリノ」がエネルギーを持ち去るためである。」という仮説を提案した。当時、新粒子の提唱はタブー視されていたため、雑誌に発表せず研究者仲間への手紙にアイデアを書きしたためたという。ニュートリノは電荷がなく、弱い相互作用でしか反応しないために検出がきわめて難しく、実験で確認できたのは、それから二五年後の、一九五六年ことである。

湯川は、ニュートリノの提案を受けて、電子とニュートリノを陽子・中性子の間で交換することで核力を説明するというアイデアを最初に試みた。しかし、これでは強い核力を得ることはできなかった。そこで試行錯誤の末、当時まだ発見されていなかった新粒子「中間子」を交換するというアイデアに到達したのであった。

現在、このニュートリノという素粒子の実験研究で日本は世界をリードしている。小柴昌俊らは、岐阜県神岡に地下の巨大な水槽からなるカミオカンデ実験装置とその後継機であるスーパーカミオカンデと呼ばれる実験装置をつくった。水槽内で、ニュートリノが衝突することによってはじかれる電子からの光を測定する装置である。ニュートリノの反応がきわめて弱いために、巨大な水槽が必要となる。スーパーカミオカンデでは直径三九・五メートル、高さ四一・四メートルにもなる。小柴はカミオカンデで一九八七A超新星爆発からのニュートリノをとらえることに成功し、二〇〇二年のノーベル賞を受賞した。

ニュートリノは三種類見つかっているが、質量があるかどうか不明だった。また標準理論の模型では厳密に質量ゼロとされる。だが、スーパーカミオカンデを使って大気で発生するニュートリノや太陽からやってくるニュートリノを精密に観測し、ニュートリノに質量があることを発見した。デービスに始まる太陽から飛来するニュートリノの観測結果も質量があると説明される。

ニュートリノ質量の研究は、大統一理論や超弦理論を探る鍵となる。また、宇宙の初期進化の過程で物質と反物質の間に違いをもたらして物質優勢の宇宙を誕生させた可能性なども議論されている。

図 8-5　スーパーカミオカンデ。（写真：㈱東大宇宙線研）

さらにニュートリノ質量が宇宙の暗黒物質である可能性もある。

6 QCD・大統一理論・超弦理論――くりこみ理論の展開

湯川の核力から出発した強い力の探求はクォークの間の量子色力学(QCD)に結実した。くりこみ理論はこのQCDの確定でも本質的役割を果たした。くりこみ理論は、結合定数や質量などの基本パラメータがエネルギーによって変化すると予言する。QCDでクォーク間の力を計算すると、低エネルギーで無限に大きくなる。この強い結合力によって、クォークが陽子や中性子の中に閉じ込められていることが説明された。逆に、高エネルギーではクォーク間の力が弱くなるが、これも高エネルギー加速器による実験で実証された。

強い力、弱い力、電磁気力の大きさは、低エネルギーではまったく違う。強い力はその名のとおり結合定数が大きく、陽子・中性子の中のクォークを互いに強く結びつけているが、弱い力の結合定数は小さいから長寿命のベータ崩壊する原子核が存在するのである。電磁気力は両者の中間の大きさの結合定数を持っている。しかし、それら三つの結合定数のエネルギー依存性をくりこみ理論で調べてみると、エネルギーが高くなると、強い力は次第に弱くなり、逆に弱い力と電磁気力は次第に大きくなることが分かった。

　それらをさらに高いエネルギーまで伸ばしてゆくと、あるエネルギーで三つの結合定数がほぼ同じになると予言された。これから、ある超高エネルギー以上では三つの力が一つに統一される「大統一理論」が提案された。一方、宇宙はビッグバンの超高温を経由しているから、この世界には元々一つの力しかなかったが、宇宙の温度が低くなるにつれて、三つの力に分かれたと考えられている。

　こうした超高エネルギーは加速器ではとても到達できないが、ビッグバン直後一〇―三〇秒以下の宇宙では実現されていたと考えられる。大統一理論は、宇宙の最初期の進化を解き明かす理論的指針を与えてくれている。

　さらに高いエネルギーでは、重力をも統合した「超弦理論」が示唆されている。通常の場の理論では素粒子を点として扱っているが、超弦理論では、素粒子が点ではなく弦(ひも)であるとしている。現在見つかっている様々な素

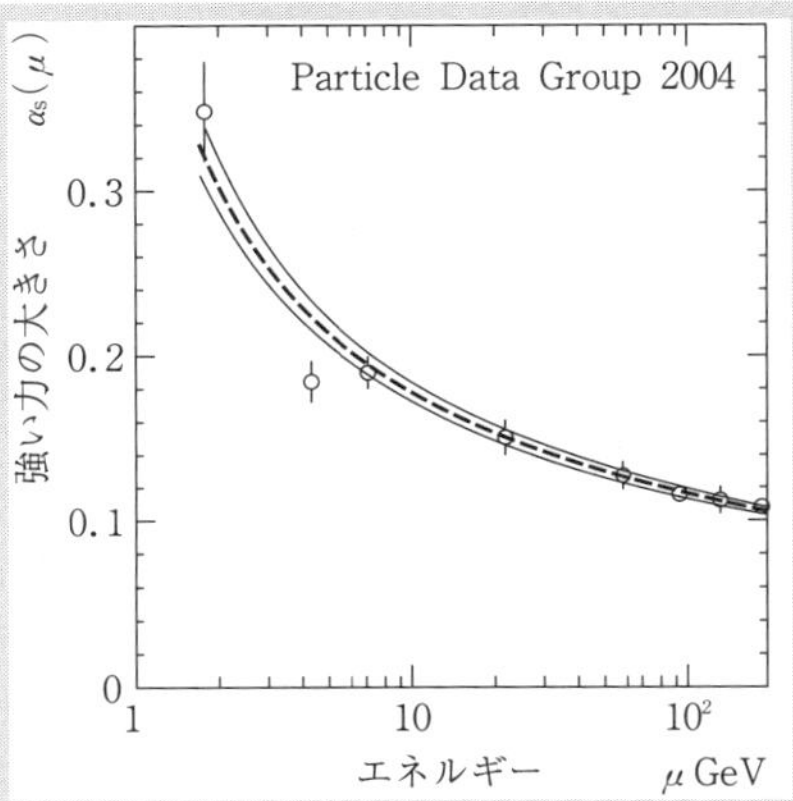

図 8-6　クォーク間の強い力の結合定数はエネルギーが高くなると小さくなる。この漸近自由性はくりこみ理論で理解され、実験と良く合う。

粒子は弦の振動状態の違いとして表される。超弦理論はまだ見つかっていない多くの素粒子が存在すると予言している。さらに、我々に見えている空間三次元＋時間一次元の他に、余分な次元が時空に内在していることも予言している。その研究によって、我々に見えている世界がなぜ三次元であるかを説明できるかもしれない。

7 多様な原子核とクォーク・グルオン・プラズマ

中間子論の動機の一つであった核力で結びついて陽子（p）と中性子（n）から原子核ができている。通常は水素原子核 =p、炭素原子核 =6p+6n、酸素原子核 =8p+8n のように、元素毎に陽子と中性子の数が決まっているが、それからずれたアイソトープも多く見つかっている。近年、中性子を通常より多く含む原子核が加速器で作られるようになった。理化学研究所のＲＩビームなどを使った研究が計画されている。ずれが大きいと原子核は不安定になり、楕円形や洋なし型、バナナ型など、様々な形をとることが分かっている。湯川の核力や朝永の集団運動の理論により、これらの多様な核物質をどこまで理解できるか研究されている。

クォークは通常、陽子や中性子に閉じ込められているが、ＱＣＤの理論によると、約一兆度以上の超高温では、クォークが溶け出した「クォーク・グルオン・プラズマ」に相転移すると予言されている。また、核物質を原子核より遙かに高い密度に圧縮すると、一種の超伝導状態になるとも予想されている。これらの「クォーク物質」を地上で実現させようと、米国ブルックヘブン研究所や欧州CERN研究所などで大規模な実験プロジェクトが進められている。

クォーク物質は、ビッグバン直後の初期宇宙では実現していたと考えられ、その解明は、宇宙の進化や元素創成の謎を理解する上で重要である。また、重い中性子星の中心部もクォーク物質である可能性がある。さらに、星の大部分がクォーク物質となった「クォーク星」を示唆する観測データも議論されている。

特別補遺　南部・小林・益川の寄与

二〇〇八年のノーベル物理学賞が顕彰した南部陽一郎と小林誠・益川敏英の研究業績は、ともに第8章の主題である「中間子論から素粒子の標準理論へ」の過程における根幹的な寄与である。湯川・朝永の育んだ伝統の中で大きく開花したこれらの研究内容には読者の関心も高いと思うので立ち入った説明を追加することにした。「1」および「2」は、それぞれ南部および小林・益川の業績に触れたものであり、第8章4節を補充する追加である。また「3」は、標準理論の展開・発展に触れた第8章の5、6、7節にならぶ追加である。

1　対称性の自発的破れ

南部陽一郎が一九六〇年に導入していた場の量子論における「真空」の「対称性の自発的破れ」の

提案は、その後の電弱ゲージ理論（一九六七年）の構築を可能にした。朝永らの「くりこみ理論」が成功したQEDの力の場はゲージ場というベクトル場であり、これを量子化して得られる粒子は質量ゼロの光子であった。光子は一定の速度で走り無限遠まで影響を及ぼす。もちろん薄まるから、力は距離の二乗に反比例して小さくなる。場の量子論では力の及ぶ距離は力の粒子質量に逆比例する。湯川はこの原理から中間子質量を預言したのであった。しかしこの場はくりこみ理論が成立しないものであった。

一方、ベータ崩壊の研究から発展した弱い相互作用の研究でも、力を媒介する場はやはりベクトル場で整理できることが分かった。しかし、この力の特徴は力の到達距離が中間子の場合より一〇〇〇分の一は短い、すなわち湯川流に言うと、力を媒介する粒子の質量が中間子よりさらに一〇〇〇倍も重いことを意味する。これではこの場をゲージ場と見なすことはできない。もし、このデッドロックを回避してこの場をゲージ場と見なすことが出来るなら、くりこみ可能な量子場の理論となり、また電磁場との統一理論も可能になる。ここで登場するのが、南部理論なのである。彼は素粒子論とは無縁の超伝導のBCS理論のアイデアを持ち込んで、このデッドロックを回避する展望を開いたのである。BCS理論とは低温で電気抵抗がゼロになる超伝導を説明する理論である。

南部に対するノーベル賞の贈賞理由は「対称性の自発的破れをサブアトミック物理で発見」であるが、「サブアトミック」とは「原子より下層」の意味で原子核・素粒子と解してよい。すなわち「対称性の自発的破れ」という理論物理の概念自体はすでに他分野に存在しており、これが素粒子現象でも起こっていることを発見したという意味である。そこでもっと身近で直観的に分かり易い「対称性の自発的な破れ」の例でこの概念を見てみよう。

いま真中が盛り上がったワインボトルの内側の底を考える。中心にあたる盛り上がりの頂点は転がる玉を置く位置としてはいかにも不安定であり、何れかの方向にも転がり落ちうるであろう。一方、この頂点は対称な位置である。どの方向も対等な方向であるから、落ちるべき方向をきめる要因は何もない。それでも不安定だからどこかの方向が「自発的に」選ばれて落ちていく。落ちた場所（側溝と呼んでおく）は頂点と違って、もはや対称性をもつ位置でなく「対称性の破れた」位置である。理論物理の概念では、「頂点から側溝に落ちる」ことを、「対称性が自発的に破れる」（あるいは「自発的に対称性が破れる」）と表現するのである。

物理系は一般にエネルギーの高い状態から低い状態に変化する。ワインボトル底の例で言えば頂点は位置エネルギーが高い状態である。別の例として、小磁石の集団を考える。バラバラな方角を指しているよりは一定の方角に揃う方がエネルギーが低いので、「バラバラ」は不安定で「整列」が安定である。そして、「バラバラ」はどの方向も対等だから対称性がある。それに対し「整列」するとは、いずれかの方向が「自発的に」選ばれているから対称性が破れている状態である。水が温度によって、水蒸気、液体の水、氷と変態することはよく知られているが、実はこの「相転移」という現象も対称性と言う概念で語ると「対称性の自発的破れ」なのである。この意味で、ある温度以下で永久磁石になったり、電気抵抗がゼロの超伝導になったりする多くの「相転移」現象が、「対称性の自発的破れ」という理論概念で統一的に語ることができる。南部のこの業績は、様々なハイテク開発の物理が理論概念において素粒子物理とも深く結びつていること示す好例である。

さて素粒子に戻ると、南部は当時最新の発見であった超伝導相転移に関するBCS理論（一九五七年）を素粒子の場の量子論に利用することを考えたのである。この飛躍を理解するためには、場の量子論での「真空」の考え方を理解しておかねばならない。ここで「真空」とは物質が無いという意味ではなく、「エネルギーが最低」の意味と解するとよい。場の量子論では場の変動が量子化されると粒子という見方に化ける。したがって「粒子がない」＝「変動がない」であり、「粒子がない」ことを「真空」と呼ぶのが妥当である。すなわち、「物質（粒子＝変動）のエネルギー」＝「変動する場のエネルギー」－「変動しない場のエネルギー」＝「真空」という意味の「真空」である。我々はこういう「上げ底」からの「差額」だけを物質（粒子）として問題にしているのである。「上げ底」の「真空」そのものを問題にするには「真の「真空」」の土台が必要になるが、サイエンスはそんな虚構を土台に構築するべきでなく、現実から掘り下げる方向を取るべきなのである。（この点は「くりこみ理論」を完成理論とみるか、過渡的処方と見るかという見方とも絡む。また、近年、宇宙の加速度膨張で示唆されている「ダークエネルギー」問題にもからむ可能性がある）。

こういう「真空」の状態として南部は、カイラリティーを持つ場がそれを打ち消すように対になった状態の場がびっしりと凝集した状態が、素粒子の「真空」だと提案したのである（カイラリティーを持つ場とはスピンをもつ粒子の場のようなもの、また「凝縮」とは「ボーズ・アインシュタイン凝縮」と同じ理論概念である）。ＢＣＳ理論によると、超伝導とは、低温になるとこういう電子対（クーパー対）の凝縮という相転移が起こることである。そして、なぜ「電気抵抗がなくなるのか」といえば、そういう凝集状態はある最低エネルギー以上でないと変化させられないので、この中を走っているそれ以下のエネルギー粒子は「変化出来ない」ので走り続けるほかなく、これはすなわち「電気抵抗ゼロ」を意味するのだ。このことを図式的にいうと「変動出来るエネルギー」＝「全エネルギー」－「最低固定部分」ということであり、相転移状態とはこの「最低固定部分」の発生を意味するのである。そして、この見方で言うと、アインシュタインの質量エネルギー（mc^2）と言うのはまさにこの「最低固定部分」に相当する。（$p^2c^2 = E^2 - m^2c^4$）。まとめると、「真空の相転移は（その中で振る舞う）粒子に質量も持たせる」となる。これらは全て場の量子論的でいう粒子のことであり、半導体工学で常用するフォノン（音振動を量子化した粒子）などと同じように素粒子を見なすことになる。この見方によれば、質量とは粒子に付属した性質ではなく、それが振る舞う舞台（「真空」）の性質に由来する、ということになる。

南部は弱い相互作用を媒介する力の場が大きな質量をもつことでゲージ場と見なせないというデッ

コラム 4　ヒッグス粒子探索へ：2008 年 LHC が始動

CERN（170 頁参照）の世界最大の加速器 LHC が 2008 年 9 月 10 日に始動した。2009 年からの実験が開始される。LHC では ATLAS と CMS と呼ばれる巨大な測定器が素粒子反応を調べる。日本も参加している ATLAS の測定器は直径 22m、長さ 44m、重さ 7000t にも及ぶ大きなビルディングのような構造物である。

実験の研究課題は (1) ヒッグス粒子の検出、(2) 超対称性粒子の検出、(3) 量子重力や隠れた内部空間の効果、で、南部らの業績のさらなる発展が期待されている。

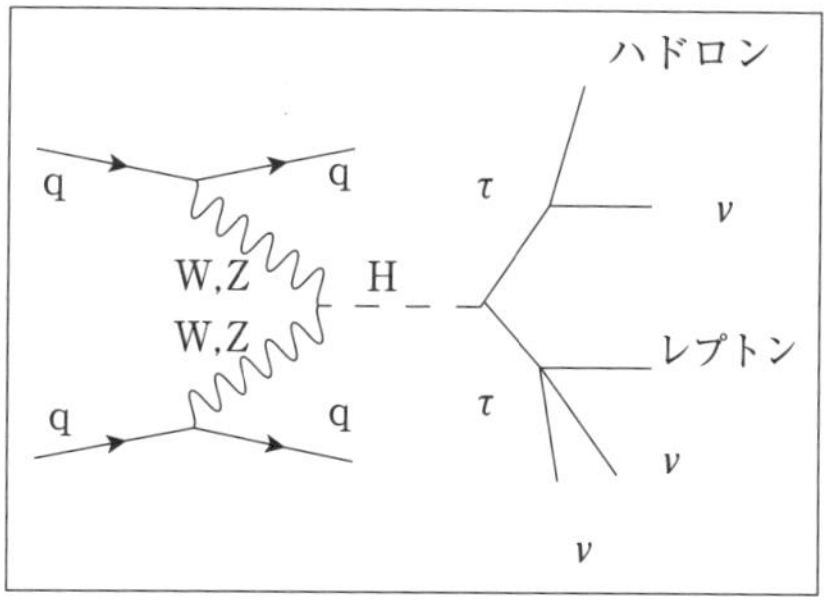

図 8-7　ヒッグス粒子が発見される際の素粒子反応のひとつ。(左から右に)
クオークの衝突で弱ボゾンが発生し、その融合でヒッグス粒子 H が発生し、それがタウ粒子対を経て多くの素粒子に崩壊する。この崩壊のタイプからヒッグス粒子を確認する。

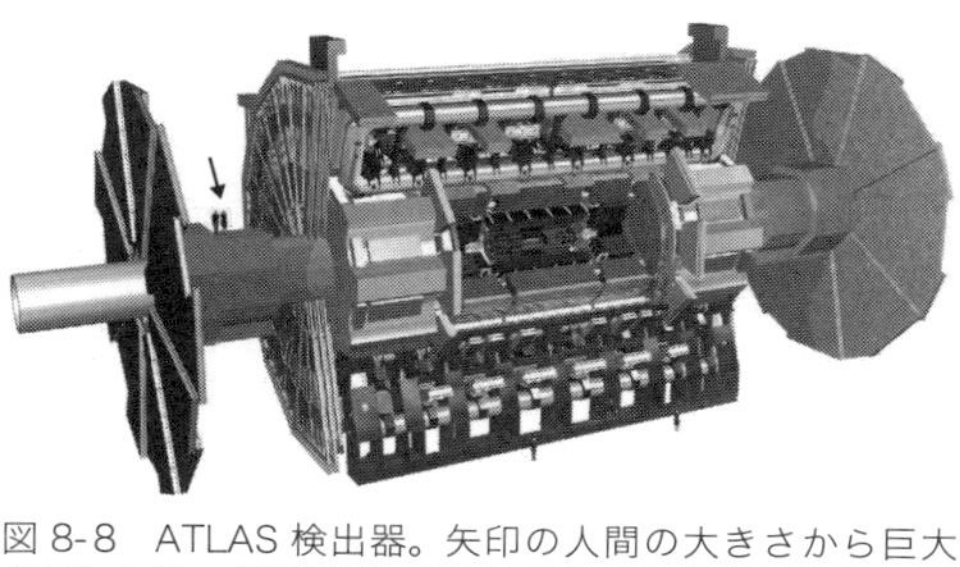

図 8-8　ATLAS 検出器。矢印の人間の大きさから巨大さがわかる。(写真提供 CERN アトラス実験グループ)

ドロックを、この「相転移で質量を持たせるメカニズム」を使って回避した。「現在の「真空」が相転移した状態なので（本来、質量のない）ゲージ場は質量があるように振る舞うのだ」と考えればいいのである。LHCの実験によりこの質量獲得のメカニズムが解明されようとしている（コラム4参照）。BCS理論の考えを取り入れた南部の上述の理論以後の一九六四年に、ヒッグスが新しい素粒子場を導入した理論を提出している。このヒッグス粒子理論と南部のカイラル場対の凝縮という理論は同じ効果を生むが違ったものであり、解明が待たれる。

2　CP対称性の破れとクォークの数

二〇〇八年度のノーベル物理学賞は、全体として「対称性の破れ」というキーワードを掲げている。（前述した通り、理論物理では対称性が成立していないことを「破れている」と表現する）。しかしこの「破れ」の課題の真価は、「破れ」のない完全「対称性」が物理学にもつ意味を理解しないと味わうことができない。対称とは左右対称のように、右と左を「変える」ことをしても前の状態と「変わらない」、という意味である。大事なのは、対称なら「変えても変わらない」もの、すなわち保存するものがあるという意味である。そして、逆に「保存則」があればその背景に必ず「対称性」が隠れていると考えるのである（本章6節に記したように電荷やカラーなどの力の荷の背景にも幾何的な対称性があると考えることで多次元の内部空間論が展開されているのもこの発想による）。

実際、力学でのエネルギー、運動量、角運動量の保存則の背景には時空が一様・等方であるという対称性がある。量子力学の展開のなかで、時空についてはこうした連続変換だけでなく、時間反転（T）、鏡像変換（P）、荷電反転変換（C）などの不連続変換での対称性（「変わらないこと」＝「不変性」という）の考察がすすみ、ミンコフスキー時空とCTP不変性が結びついていることが証明された。これはCとPとTの三つの変換をやれば必ず不変であるということであり、このことは同時に、各々では不変でない（破れている）こともあり得ることを示唆している。

そして素粒子の実験によってまず「P破れ」が発見され（一九五七年）、続いて「CP破れ」がK中間子で発見された（一九六四年）。これらは何れも弱い相互作用による崩壊でみられ、ニュートリノのカイラリティーが左巻型だけであるという発見となった。しかしCP破れは稀な現象で奇妙なものだが例外的な位置づけもあった。

一九六〇年代の研究はハドロンがクォークの複合体であることの解明を中心に展開された。ここでは坂田昌一とそのグループが世界的に先導役を果たしたが、小林・益川はその最良の結実と言える。ハドロンの複合粒子理論には、クォーク結合してハドロンを合成する課題と弱い相互作用の理論をクォーク版に書き直す課題とがあった。そして後者でまずゲージ場と南部・ヒッグス機構を足場に電弱ゲージ理論が提案され、間もなくそのくりこみ可能性が証明された（一九七一年）。小林・益川理論の胎動である。

しかし当時のハドロンを巡っては百家争鳴の混沌期で、後の標準理論完成後からみたこの筋道は、渦中にあって、そう明確ではなかった。小林・益川の先駆性は、この混沌の渦中で、電弱ゲージ理論が完結地点として堅いと遠望したことにあると言える。そういう視点に立てば、それまで例外現象として扱われ見過ごされていた「CP対称性の破れ」が、この理論に組み込むことができるかどうかの考察を行ったのである。一九七二年当時は、クォークも電弱理論も、まだ「定説」ではなかった。直後の一九七四年からのCクォーク、弱い相互作用の中性流発見、深部散乱、などの大型加速器による実験結果と量子色理論の漸近自由性の証明などで、それらは一気に「定説」となって、「標準理論」という名称が一九七〇年代末に定着し、一九八三年の弱ボゾンの発見がダメ押しとなった。今となっては「常識」といえるこの標準理論への筋道を、「当時にあって当然のこと」と見抜いて準備されていた小林・益川理論への学界の注目は一気に高まったのである。

小林・益川理論発祥の一九七二年当時に戻ると、「例外事象」としてのCP破れには二つの側面があった。クォーク混合とCP破れである。前者についてはキャビボーらが混合を2×2の行列で記述する理論を出していた。（ベクトル空間の座標系の回転変換の行列に相当）しかしこの行列は混合を組み込めるだけで、CP破れ記述の量を組み込む自由度が残されていなかった。そこで小林・益川はユニ

$$V_{CKM}=\begin{pmatrix} c_1 & -s_1c_3 & -s_1s_3 \\ s_1c_2 & c_1c_2c_3-s_2s_3e^{i\delta} & c_1c_2s_3+s_2c_3e^{i\delta} \\ s_1s_2 & c_1s_2c_3+s_2s_3e^{i\delta} & c_1s_2s_3-c_2c_3e^{i\delta} \end{pmatrix}.$$

$s_1=\sin\theta_1$, $c_1=\cos\theta_1$, など

図8-9　小林・益川の行列式

タリー行列が含み得る位相の数を計算してみた。n×nには位相がn^2個あるが、この内、全体の位相は意味が無いから「1」減る、また二つの直交部分の自由度はクォーク場の位相に繰り入れ出来るので2(n−1)個減る(場のセット全体の位相に意味は無いので(n−1)個、行列の両側にクォーク場がかかるからその2倍)。したがって、n^2から落ちる2(n−1)+1＝2n−1を引き算してn^2−(2n−1)＝$(n-1)^2$。n＝2ではこの数は「1」となり、これを混合に割り当てれば残りがない。n＝3では「4」となり、混合に三つ割り当てても(三次元空間での回転の自由度、剛体力学で登場するオイラー角三つを思い出せばよい)一つの位相が残る。これはCP破れに回すことが出来る。だからCP破れの存在は「nが少なくとも「3」以上」であることを導くのである。実はこのnはの世代の数に当たり、クォークの数は2×nだから「少なくとも六種類」となる。

この簡明な論理は、実験動向のあれこれに全く影響されない、強固な結果である。まさに「理論」物理の精華であると言えよう。そして一九八〇年ごろより、この「簡明にして強固な」理論予測の検証に向けて素粒子物理学は動き出した。一つは三世代を確かめるためのトップクォーク探しで

一九九五年には確定した。しかしそれだけでは根拠とした小林・益川理論の正しさを証明することにはならず、ＣＰ破れを含む行列が二〇〇三年までには検証された。Ｂ中間子によるこの実験は日本のＫＥＫ（高エネルギー加速器研究機構）とスタンフォード大のＳＬＡＣ（スタンフォード線形加速器センター）によって行われた。

3　ビッグバン宇宙と物質の起源

先に述べたように、二〇〇八年度のノーベル物理学賞の贈賞理由は「対称性の破れ」がキーワードであるが、同時にこの課題がビッグバン宇宙での物質起源の解明にとって重要であるとも述べている。一九六〇年発表の南部論文も、一九七三年発表の小林・益川論文も、当時の科学の進展状況からいってこうした宇宙の解明上の関連については触れられてはいない。しかし原子核物理が解明した「星の進化と元素の起源」や「重力崩壊とブラックホール」、ハイテクに象徴される測定技術やロケットなどの宇宙技術の進歩などによって、宇宙現象の解明が大きく前進した。こうして問題の整理が進む中で、ビッグバン宇宙の初期の解明に素粒子物理学が密接に関連することが認識されてきた。これは一九七〇年代後半の素粒子の標準理論が確立した段階から急速に強まった。

このなかで、南部理論は膨張で冷却するビッグバン宇宙での真空の相転移というヴィビットなイメージに直結することになった。また小林・益川理論は宇宙での物質・反物質非対称問題解決のカギとなると期待されている。両理論は「宇宙の起源」という壮大な謎に挑む人類の長い知的挑戦に「応用」されることで、その真価が発揮されるであろう。今回のノーベル賞贈賞理由でも、この二つ業績の今後に持つ意義としてこの点がわざわざ指摘されている理由がそこにある。ノーベル賞はクエーサー、パルサー、「星進化」、「元素起源」、重力波、X線、ニュートリノなどの宇宙解明の進展を注意深く顕彰してきており、ビッグバン宇宙に直接関係する一九六五年の宇宙背景放射（CMB）発見、一九八二年のCMBゆらぎの発見の顕彰もタイムリーに行っている。

■真空相転移

南部理論を宇宙にリアルに置いて考えると、「現在の宇宙の状態は対称性の破れた状態である」という見方を導く。すなわち[現実]＝[対称な世界]×[対称性の自発的破れ]と言う見方になり、この宇宙の背後に普遍的な「対称な世界」を想定する。このようなものの見方はプラトンのイデアの考えなどとも共鳴し、人類が世界のとらえ方において展開してきた哲学的思考と結びあう接点を含んでいる。

一例をあげると、現在、物質世界に認識されているゲージ場による四つの力は宇宙初期の高温では区別のないものだったのが、低温になり相転移が起こるにつれて南部メカニズムで一部のゲージ場が

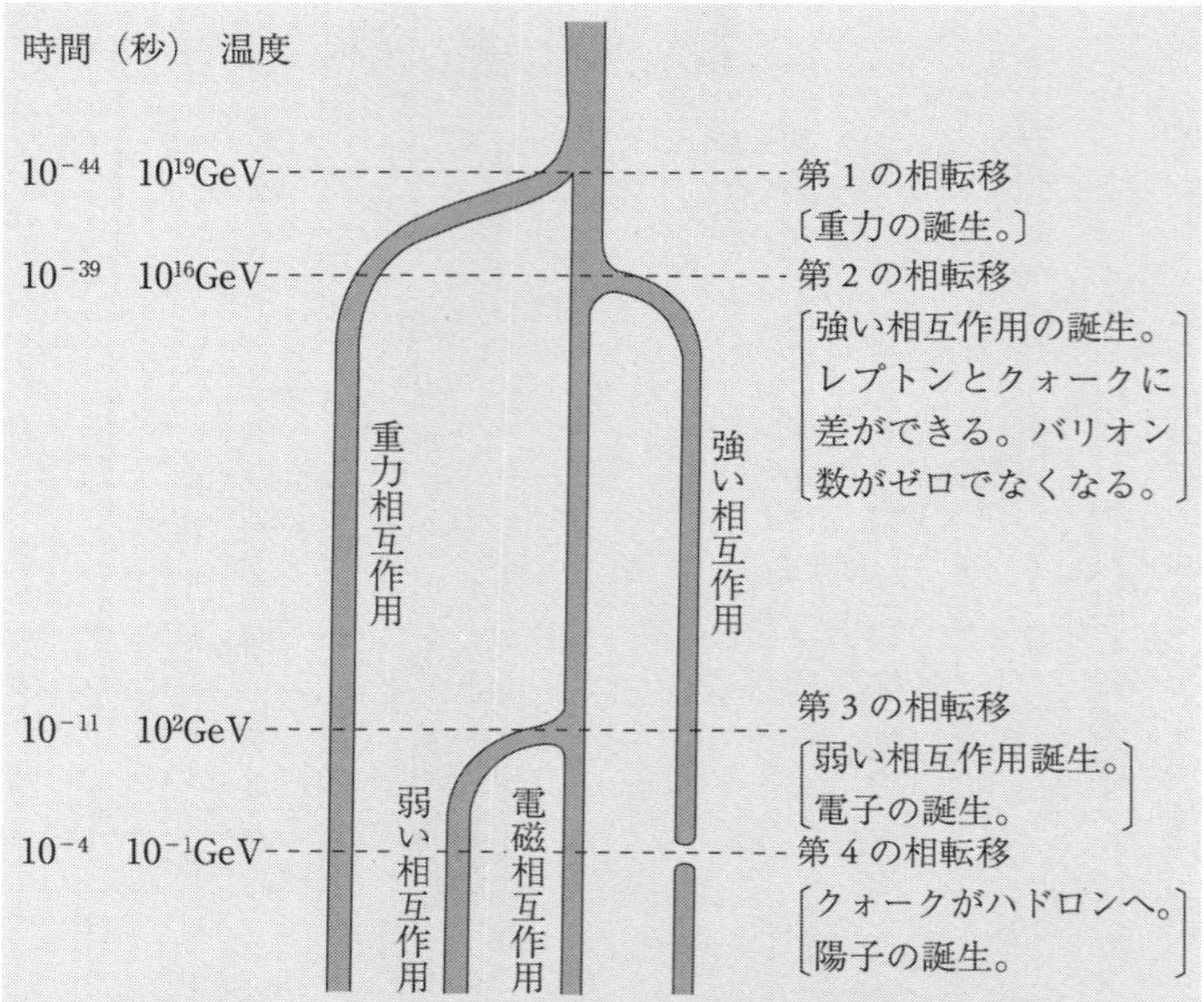

図 8-10 南部理論による「ビッグバン宇宙初期の真空相転移」によって、一つだった力が「4 つの力」に分岐してきた。（佐藤文隆・佐藤勝彦 「宇宙はどうして始まったか？」（『自然』1978 年 12 月号）より）

質量を得るなどする中で、一つの力が四つの力に分岐した、という見方になる。（図 8-10 参照）しかも、哲学的にも重要であるが、この「四つ」には根拠がなく「自発的に」こうなったのである。こうなる「四つ」に必然性がなく、別になってもよかったのである。それこそ「六つ」でも「一三個」でもよかった。確率的にこういう歴史が招来されたといってもいいし、素粒子の力の法則も「この宇宙」の地方史に過ぎないことになり、ひるがえって「そもそも普遍はあるのか？」という問いにもなる。コペルニクスが、太陽系や地球という存在が（普遍性のない）

ひとつの歴史的現実に過ぎないと宇宙認識を拡大してきたように、物理法則までもが普遍性を喪失する可能性をふくむ見方である。

重力も含む完全な理論は、第8章6節で述べたように現在まだ解明されていない。しかし、こうしたハードな数理的研究の結果が、前述のように「宇宙における人類の位置」といった人類の精神世界にも大きなインパクトを及ぼす可能性を秘めているのである。基礎科学は、あれこれの産業的応用や健康維持に直結していなくても、このような人類の精神世界の展開にきわめて深くかかわっているのである。

■物質－反物質非対称性

この宇宙の原子は電荷正の原子核の周りを電荷負の電子雲が覆っている。そして反原子（負の核を正の雲が覆う）は存在しない。これが物質－反物質の非対称性問題である。宇宙の端までそうであることも観測でチェックされている。なぜこれが「問題（トラブル）」なのか？　それは現在の場の量子論にもとずく素粒子の一番すっきりした（対称な）理論の語るところでは、粒子とその反粒子は対等に振る舞うべきだからである。しかし、小林・益川理論に関係して述べたように、わずかなほころびとしてCP対称性の破れが実在する。そしてこの「ほころび」を「くりこみ可能」な標準理論に組み込むには、クォーク・レプトンの世代が三（以上）であるというのが小林・益川理論であった。すなわちCP対称性破れを理論的に扱う手段が確定したといえる。

素粒子に実在する「CP対称性の破れ」の原因追及は当面傍において考えるとして、この「CP破れ」が宇宙の物質存在非対称の解明に繋がる、すなわち小林・益川理論がその基礎となると考えられている。

それにしても宇宙の物質・反物質の非対称は「一〇〇パーセントの差」であり、素粒子が示すCP破れはわずかなものであるから、桁が違うように思える。しかしこれは見掛け上であって、実は、宇宙の方の非対称は一〇億分の一程度と小さいのである。ビッグバン初期の南部相転移が起こる前は、すべての粒子は同じ強さで相互作用して熱平衡にあった。すなわちクォークも光子数も熱平衡だから同じ数密度であった。そして光子は相転移を経ても性質が変わらないので数をいまに保存して残っている。これが宇宙背景放射であり絶対温度が二・七Kのプランク分布をしている。この光子数と比べるとバリオン（核子もその一種でクォークから出来ている）の数は相対比で一〇億分の一なのである。

光子と違って、クォークも含めて他の多くの粒子は数次の南部相転移を経て質量を獲得する。温度が下がるにつれて質量をもつ粒子は正反の対で消滅する。温度が質量より高いと生成・消滅が釣り合っているが、その温度以下では生成の方はエネルギー不足で出来ないから消滅が一方的に進む。電子と陽電子の様に、粒子と反粒子では電荷は同じ大きさで符号が反対だから、電荷保存のルールを犯すことなく対消滅出来る。同じようにクォークと反クォークではバリオン数という力の荷が正反対である。そしてこの対消滅前にバリオン数に一〇億分の一の差があれば、差し引き残額として現存する宇宙のバリオン（核子）が残る、となる。対消滅でのちょっとした差が大きな差に化けるのである。

このようにCP破れと宇宙の非対称は数量的には近づいてくるが、実はCP破れだけでは非対称は実現できない。サハロフ（冷戦時代のソ連の物理学者。人権擁護でノーベル平和賞を受賞した）が一九六七年に宇宙での物質非対称をもたらすための条件を議論しており、サハロフの三条件と現在呼ばれているが、その条件とは、（一）CPの破れ、（二）バリオン数の破れ、（三）熱平衡からのずれ、である。第一条件で小林・益川理論が活躍する。第二条件はまだ実験で確かめられていない。これがあると陽子自体が不安定で崩壊する。陽子崩壊を実験的に検証することが、小柴昌俊が率いたカミオカンデのもともとの動機であったし、現在もスーパーカミオカンデがそれを監視している。第三の条件は、冷却の仕方と関連しており、宇宙初期の加速度的膨張を想定するインフレーション説など、様々な真空の相転移の課題として研究途上にある。

終章

巨人たちが問いかけるもの

未知の世界を
探求する人々は
地図を持たない
旅人である

湯川秀樹

この言葉は、西宮市立苦楽園小学校の校庭にある「中間子論誕生記念碑」に刻まれている。中間子論誕生当時、湯川夫妻はここ苦楽園に住み、この石碑は一九八五年、中間子論五〇周年を記念して関係者により建立された。

ふしぎだと思うこと
これが科学の芽です
よく観察してたしかめ　そして考えること
これが科学の茎です
そして最後になぞがとける
これが科学の花です

朝永振一郎

この言葉は、京都市立青少年科学センター主催の「ノーベル物理学賞受賞者三学者故郷京都を語る」会（国立京都国際会館で開催）に出席するため京都に来訪したおり、色紙に書かれたものである。三学者とは湯川、朝永と江崎玲於奈である。江崎は第三高等学校出身である。一九七四年一一月のことである。

1 西洋と日本

湯川秀樹のノーベル賞の報に接した晩年の長岡半太郎は「日本人がノーベル賞を取れるのはまだまだ先だと思っていた」とコメントしたという。明治育ちの田中館愛橘《たなかだてあいきつ》や長岡にとっての学問にかける情熱は近代国家建設のためという使命感に基づくものであった。明治政府の国家戦略は「和魂洋才」という言葉に表されているように、精神・倫理・価値観は日本の伝統的なものをそのままにして、形而下のものである物理学の移入などは「洋才」として為されるべしと言う論調であった。しかし、欧州への留学や国内での科学教育・研究の本格化につれて、日本人の専門家も西欧の科学および科学者の基底をなす精神性に触れることとなった。そして科学に典型的に埋め込まれている西洋の近代精神の真髄に共感し、科学を形而下のものでなくコスモポリタンな一つの精神運動としてとらえる動きが大正期に強まった。そして国際学界で名をなした田中館や長岡はその実力を背景にオリジナルな科学研究を日本国内で振興することに大きな役割を果たした。長岡にとって湯川のノーベル賞は精神性も含めた近代科学の日本での萌芽を画する大きな到達点に見えたのであろう。

湯川や朝永の少年期にあたる第一次大戦後の十数年、多くの方面で日本は初めて「一流国」の衣を着て世界に飛び出した時期であった。日本は勝利した「連合国」の一員であり、戦火で疲弊したヨーロッパにおいては円の経済的値打ちは大きなものであった。ヨーロッパの文化に憧れて多くの日本人が渡欧できる下地があった。日本の科学も国際化が進行した。仁科芳雄はこの時期に国際的な舞台で縦横に活躍をした。湯川や朝永の世代はその後の第二次世界大戦への序奏の時期に研究者への途に入った。朝永はドイツに留学するが、途中で帰国する。湯川は留学なしに世界的な業績をあげて、欧州での大戦勃発の直前に、辛うじて世界一周を果たし、欧米の学界に触れることができたのであった。また朝永の多くの業績は戦時中の学術の鎖国状態の中で発酵したものであった。ともかく、彼らの専門研究の成果は自国において自力で成し遂げられたものである。

この点が、外国の研究環境にあって日本人として業績をあげた野口英世などと違っている。近代科学の発祥の地、ヨーロッパ以外のアメリカやインドや日本や中国といった他の地域に科学研究が拡っていった多くの事例をみても、これは稀なことである。この当時までの国際的レベルの業績をあげた日本人の科学研究においても同様であった。

海外の研究先進地との直接的関係がない中で若くして世界的業績をあげたという、二人の研究経歴のユニークさは際立っている。この原因を何に求めるべきかは簡単には論断できないが、創造性の奥底にある精神性まで含む意味において、科学研究の真髄を体現していたのであろうと推察される。そして結論を急ぐならば、この精神性が公人として戦後の社会的な行動ににじみ出ていると言えるのではないだろうか。そしてまたそのような精神性を育んだ時代の文化、教育などに関心を向ける必要がある。二人の家庭や、第六章でみた二人が一緒に過ごした学業期に注目すべきだろう。

2 量子力学革命後の先端

この結論に至る前に、もう少し二人の専門的な業績の特徴に触れておく必要がある。特徴の一つは、二つの課題とも当時の最先端の世界の学界の大勢が一致して注目している大きな課題であり、二人はそれに真正面から挑んでいる点である。学界の中央に居ないために少し違った視点を持っていたとか、別の視点へのこだわりが本人の意図を越えて大きく貢献した、といった、マイナーな研究環境にいる人の大業績に有り勝ちなものではない。湯川の最初の論文「素粒子の相互作用について」というこの表題が示すように、志は壮大で、正面突破的であり、博士号論文のタイトルとしては大胆不敵である。またくりこみ理論に至る朝永の進め方も奇を衒わない正面突破である。したがって何れの場合も、国際的には妥当に認知されており、発表当座の評価はともかく、埋もれることはなかった。

さらに彼らが取り組んだ課題は、ある一つの狭い専門分野の先端課題とかいうものでなく、少なくとも当時の認識では、ニュートン以来続いてきた物理学の基礎に関わる根本問題であった。欧米の学界と個人的には縁もゆかりも無い極東の青年がこの破格の問題への解答をもってふいに登場したのである。これが語っていることは、人的な交流は無かったが、問題意識とそれに挑む規範において、二人はまったく孤立してはいなかったということである。時期や業績内容で二人の場合の差はあるが、何れの場合も文献上だけで国際的なフロントと同期していたと見ることができる。

こういうことをあまり強調すると彼らの独自性は何なのか？　という疑問を生むかもしれない。今西錦司の進化論のように欧米学界に欠けていた日本的視点を貫いたとか、湯川が幼年期に教育を受けた中国古典の素養が意味を持ったとか、等の話を期待してである。しかし中間子論とくりこみ理論の内容に関してはこうした地域的な伝統文化が何らかの影響を持ったことはないと思われる。伝統が意味を持ったとすればむしろ学者、専門家、知識人といった人種の規範や倫理観に受け継がれているものがあったのではないか。彼らがともに京大教授の子弟であったこともあり、この点の考察は興味がもたれる。しかし、彼らの場合の最大の特徴は、理論と規範の両面で、伝統の開花というよりは欧米の科学や科学者の理念として目指された規範が、日本においても開花したと言うほうが妥当であるように思われる。これをより一般化して言えば、彼らが育った時代は日本の教育や文化の中で近代の理想主義の理念が謳歌された時代であり、その最良の果実の一つであったと見るほうが的を得ていると思う。

3 自学自習

仁科芳雄といった当時の彼らを評価して勇気付ける先輩が日本にいたことは重要な要素であるが、湯川と朝永の二人が、量子力学を習得した若手学者として仁科らの目にとまる段階までの成長は、完全な自学自習の環境にあった。当時も現在も、研究者への階段は普通は次のようなものである。すなわち、専門分野が決まったり、教官や先輩研究者から指導やアドバイスを受けて研究論文を書き出すのは学部学生高学年から大学院院生の時代である。そうした指導と訓練をもとに四、五年した頃に独自性を発揮するような博士論文を自分の力でまとめて、一人立ちした研究者として出身研究室を巣立って行く。こういう通常のパターンからいうと、この二人の場合はきわめて特異なものである。

当時、誕生して間もない量子力学を学びたいと決めたのは、大学のあれこれの教員や研究室の影響ではなく、本や講演といった一般的な情報であった。それは指導教官や研究テーマを決めるための情報というよりも、物理学の革命的な激動についての一般的な情報であった。専門的に勉強すると初めて見えてくるようなものではなく、物理学の基礎に関わるきわめて一般的な動向であった。一九二五、二六年頃に起こった「革命」は、量子力学という基礎理論が発見されたことである。したがって学部を卒業した一九二九年の時点で大学にその専門家がいなかったのは当然である。当時の研究の中心地であるヨーロッパでこの理論の評価が定まったのが一九二七年秋であったと言われている。理論的飛躍と数学的手法においても難解なこの理論を、他の専門課題を抱えて研究している教官がにわかに習得できるものではなかった。

当時、京都大学の物理学科で数理物理を専攻していたのは玉城嘉十郎教授であった。玉城は二人に、「自分は量子力学は教授できないが自由に勉強しなさい」と言い、そうした経緯で、二人は副手として学部卒業後も大学に残り、三年間自学自習で研究を続けた。現代風に考えると、玉城研究室には何人かの先輩がおり、毎週のようにセミナーやコロキューウームがあって、論文紹介や各自の研究が発表されるといった情景を想像するが、二人の場合は違っていた。確かに、量子力学を学んでいる先輩は二、三人いたが、湯川と朝永の勉強には大して影響はなかったようである。グループとしての活動はほとんどなく、また、ほぼ同じ論文を読みながら世界のフロントに到達したのであるが、二人の間で一緒に論文を読み合わせたり、討論を交わしたこともなかったようである。

後年、二人は学部から（今で言う）大学院にかけての時代のことについても数多くの文章や談話記録を残しているが、語られているのはほとんどが論文を通じて体感した世界の動向である。玉城教授に対しては、大学に残って勉強する機会を与えてくれたことに感謝を述べているが、教授との師弟関係の交流、あるいは他の物理学科の教授との関係、先輩との関わり、などについてはほとんど触れたものがない。身近にいる人々との交流での会話や講義や議論を通じた感銘などに触れたものはないのである。二人揃って同じような状況である。この真の理由は、他人に相談しなければならないなどという悩みもなく、ただひたすら尋常ならざる集中度を持って論文の中で展開されている世界先端の動きに没入していたのではないかと推察される。

学部学生までの時期には二人とも人並みに同級生との交流があったようだが、副手としての時期にはそういう交友が語られていない特殊な時期である。この希薄な師弟関係も異様である。これは二人が現役の京大教授の子弟であることの特殊事情と関係あるのか、即断しがたいところである。

さらに欧州での最先端に自学自習で急速に追いつくことができたのは理論研究であったことは明確である。三年間の副手時代の後に就職した朝永の場合、最初の論文は仁科が示唆した程々のテーマでの研究であり、研究者への階段としてはよくあるケースだ。しかし湯川の場合は、最初の論文それ自体が、学位論文であり、教授就任を確実にした論文であり、そして文化勲章やノーベル賞をもたらした論文となるのである。もし湯川の周辺に量子力学に関した適当なテーマを示唆する先輩がいて、普通の研究者生活のスタートを切っておれば、別な人生の軌道が描かれていたかもしれない。

湯川がまず国際的評価を得たことは朝永のその後の研究テーマにも大きな影響を与えた。湯川も中間子論以後は場の量子論の病根に関する基本問題に研究を集中した。朝永もこの問題をとおしてくりこみ理論に到達したのである。

一九七〇年代末に素粒子相互作用の標準理論が完成した時点から振り返るならば、場の量子論のこの病根について二人はまったく異なる戦略をとったことが分かる。朝永は観測を説明できることを基準にくりこみ理論という便法を考案して「標準理論」の成功に寄与した。これに対して、湯川はより根本的な解決を目指してまだ果たされていない弦理論などへの先鞭をつけたことになっている。当時から世界的にも存在した二つの異なる戦略の典型を二人が形作っていったのも、学説史の視点からは興味のもたれる点である。

4 素粒子物理学の創成

湯川と朝永の晩年に当たる一九七〇年代後半に、第八章でみたように、湯川の掲げた「素粒子の相互作用について」という課題は一つの決着をみた。放射性核のベータ崩壊問題から始まった弱い相互作用、原子核を形作る核力問題を発端とする強い相互作用、それに電磁気相互作用を加えた三つの力の理論が完成したのである。これら三つともくりこみ理論で矛盾のないゲージ場理論であること明かになった。

一九三五年の中間子論は、新たな未知の粒子を仮定することで、場の量子論の基礎の上に素粒子相互作用の理論を築こうという大戦略の表明である。中間子の導入はその最初の例に過ぎず、次々と新粒子は増えていくかもしれないという流れを学界の中に作ったのである。南部陽一郎は後に湯川とローレンスが素粒子物理学の創始者だといっている。ローレンスは粒子加速器サイクロトロンの発明家である。一九五〇年代からの研究は加速器を用いた実験で素粒子という未知の世界の探査を進めながら進展した。すなわち一九三五年の段階では素粒子の世界はまだその片鱗しか見せておらず、中間子をはじめとして多くの未知の素粒子が隠されていると考え、相互作用の理論と新粒子の発見を連動して進めるという戦略である。その際、場の量子論の枠組みを基礎にして新粒子の理論的予想と加速器実験によるその検証という、理論と実験を車の両輪で進展した。南部の言う湯川—ローレンスが創始者であるとはこの歴史を述べている。

「場の量子論を基礎に」という戦略については歴史的には必ずしも平坦でなかった。一九五〇年代末から六〇年代にかけては場の量子論の不信の時代があった。湯川自身も不信派であった。朝永らの理論で、電磁相互作用はくりこみ理論の適用できるくりこみ可能な理論であることは示されていたが、他の二つの力（相互作用）は別物と考えられていたのである。この問題は結局、陽子や中間子といったハドロンは、クォークと名付けられたより基本的な構成子から成る複合系であり、クォークとレプトンの間の力がゲージ理論で記述される、というかたちで解決された。朝永らの「くりこみ可能性」は、計算上の手法から原理の位置に高められたことになる。物理学が持つ厳格な構造に感銘を受ける結末であった。

5 科学に対する信頼を醸成

終戦直後の生活の窮乏と精神的虚脱感の中にあったから、湯川のノーベル賞はそれだけで日本人に与えた勇気は巨大なものであった。とりわけ若者には「世界的な活躍」と「科学」の強力なメッセージを伝えた。一九八一年にノーベル化学賞を受賞することになる福井謙一は湯川の『量子力学』と『素粒子論序説』を京大工学部の研究室のゼミで使っていた。また、二〇〇一年にノーベル化学賞を受賞する野依良治は父親から「湯川博士を知っている」(五七頁写真参照)と聞いて親近感をもって京都大学に入学した。

しかしそれにもまして大きな影響は、戦後の社会で湯川、朝永が社会的に活躍した一九七〇年代中頃までの時代をともにした多くの日本人が、彼らの生き方に科学者としての鑑を見てとって感銘を受けたことである。これが、科学一般に対する社会の信頼を醸成するのに、はかりしれない寄与をした。彼らの研究テーマは高度にアカデミックなものであったにもかかわらず、この世界的人物の知性に触れたいという国民各層や学生・生徒の声に彼らは精力的に応えた。二人とも一般向きの文章を編集した全集が何れも一〇巻をゆうに上回るものになっている。まさに文筆家並みの執筆量である。時々の文化・学術・教育・平和の課題に自由闊達に発言した。

彼らの活動はこうした執筆や講演に止まるものでなく、二人は戦後の復興と平和の問題で国民とともに悩み行動した。物理学の成果といえる原子爆弾の惨禍を被った日本の物理学者であるという責務から彼らは逃げることなく、核兵器廃絶の国際的運動に連帯して行動した。また大学の枠にとらわれない大学共同利用研究所という制度を作るなど、研究環境の整備と新分野の創造に重要な役割を果たした。朝永は日本学術会議会長も務めた。

彼らの学問観には、研究は人間を鍛えるために行うという、科学専業時代以前の色彩が濃厚である。戦後日本の復興と国際化の中で彼らが国民と関心を共有して、信頼という太い結びつきを築いていたのは、決して彼らの研究成果をとおしてではなく、研究で鍛えられた人間をとおしてであった。湯川、朝永が逝去されてからすでに四半世紀の時がながれ、科学と科学者の社会的イメージは大きく変貌している。しかし、科学者をはじめとする専門家はこの学問観に関わる深いレベルで彼らの生き方から学ぶことが多いのではなかろうか。

6 世界の中で

ヨーロッパ起源のきわめて普遍的な物理学の研究において、湯川と朝永が突出した業績をあげたこ

湯川秀樹の栄誉

1938年10月10日	31歳	服部報公賞受賞
1940年5月14日	33歳	帝国学士院　恩賜賞受賞
1941年12月17日	34歳	野間奉公会　学術賞受賞
1943年4月29日	36歳	文化勲章受賞
1949年4月26日	42歳	アメリカ科学アカデミー外国会員
1949年12月10日	42歳	ノーベル物理学賞受賞
1950年8月19日	43歳	大阪大学名誉教授
1951年	44歳	メキシコ名誉勲章
1951年12月15日	44歳	エディンバラ王立協会名誉会員
1953年	46歳	京都市名誉市民
1956年11月6日	49歳	パリ大学名誉博士
1957年	50歳	インド科学アカデミー名誉会員
1960年	53歳	リンチェイ科学アカデミー名誉会員
1961年	54歳	ローマ法王庁科学アカデミー会員
1963年4月25日	56歳	ロンドン王立協会外国会員
1963年	56歳	ソ連科学アカデミー　ロモノソフ・メダル受賞
1966年	59歳	ソ連科学アカデミー　外国会員
1967年7月28日	60歳	西ドイツ　プール・ド・メリット勲章受賞
1968年	61歳	モスクワ大学名誉教授・名誉博士
1970年4月	63歳	京都大学名誉教授
1977年4月29日	70歳	勲一等旭日大綬章授賞
1981年9月19日	叙従二位	
2005年	ユネスコが湯川秀樹メダルを作成。	

とは、科学の世界における日本の国際社会への参入を画するものであった。その先陣を切った湯川には、世界の学術的権威がこぞって様々な栄誉を贈った。

二〇〇五年は世界物理年として、アインシュタインの「奇跡の年」一九〇五年を記念する行事が世界各地で行われた。こうした中でユネスコ（国連教育科学文化機関）は「ユカワメダル」を製作し、二〇〇七年の生誕一〇〇年を祝福する決議をしたと発表をした。世界の文化に貢献した人物を顕彰するユネスコメダルは日本人では初めてであり、物理学者ではアインシュタインとマリー・キューリー、ボーアに次いで四人だけであるという。

生誕一〇〇年を迎えてなされた国際機関によるこうした顕彰は、我々に物理学や日本という枠を越えた視点を提供しているように思える。湯川と朝永の業績は科学がヨーロッパから世界の新しい地域に拡大していく世界史の流れの象徴として位置付けられているように見える。湯川と朝永の足跡は、こうした世界史的な視点において二一世紀においても語り継がれることが重要であろう。

付録　さらに知りたい人のための案内

A　記念室紹介

■京都大学基礎物理学研究所湯川記念館史料室・湯川記念室

湯川秀樹博士の中間子論ならびにそれに関連する国内研究者の業績等について、その歴史的資料を収集・整理・保存し、研究者の利用に供するために、一九七九年八月、基礎物理学研究所の所内措置により発足した「湯川記念館史料室」(Yukawa Hall Archival Library 略称ＹＨＡＬ)を引き継ぐもので、中間子論の形成をあとづける湯川博士の計算ノート・論文草稿・研究室記録など、数百点に上る史料を保有する。これらは、京都大学理学部物理学教室の一隅から一九七八年と一九七九年に発見され、湯川博士の好意により史料室に寄贈されたもので、国際的にも第一級のものである。また湯川博士の逝去後に湯川スミ氏より多くの書籍や複写写真を寄贈いただいた。

湯川博士関連の史料は、故河辺六男氏(一九二六—二〇〇〇)と小沼通二氏の尽力により分類・整理が始められ、長年にわたって河辺氏の努力が続けられた。その成果は日本物理学会誌や理論物理学刊行会発行の『素粒子論研究』などに発表されているが、書簡など、未整理のものも存在する。本史料室では、湯川博士関連の史料の他に、本研究所と一九九〇年に統合した広島大学理論物理学研究所関係の史料の一部も保有している。

基礎物理学研究所では、博士の研究生活の面影を伝えてその偉業を偲ぶために、湯川博士が使用されていた旧所長室を「湯川記念室」(Yukawa Memorial Room) として保存し、史料の一部(著作、蔵書、扁額等)をこの部屋とともに公開している。

○ホームページ:http://www.yukawa.kyoto-u.ac.jp/contents/about_us/yukawa/index.html

○「湯川記念室」の公開

公開時間:平日(年末年始を除く)午前九時—一二時、午後一時—午後四時三〇分

閉室日:土・日・祝日、京都大学創立記念日(六月一八日)、年末年始(一二月二九日—一月三日)

所在地:京都府京都市左京区北白川追分町 京都大学基礎物理学研究所湯川記念館

※見学希望の場合は、基礎物理学研究所総務掛(〇七五—七五三—七〇〇〇)まで連絡を。団体等での見学を希望される場合は、あらかじめ問い合わせするのが望ましい。見学無料。

■筑波大学朝永振一郎名誉教授記念室（朝永記念室）

筑波大学の前身である東京文理科大学・東京教育大学の教授・学長・附属光学研究所長などを歴任した朝永振一郎博士の物理学における輝かしい業績を記念し、大学の伝統として永く継承することを目的に、一九八三年九月二九日、大学会館内に設置された。ご遺族には、設立にあたり自宅に残された品々のほとんどすべてを提供いただくなど、多大な協力を賜った。記念室には、博士の論文・原稿・計算紙・著書・蔵書・写真等の資料数百点が収められており、目録が整備されている。収蔵品の中から、ノーベル賞メダル（複製）をはじめとする各受賞の品、ノーベル賞の対象となった「超多時間理論」の論文別刷りや素粒子論に関する英文手書き原稿、名著『量子力学』の初版本や原稿などの多数の研究関係資料とともに、小学校時代の習字・算数答案や自画像、お孫さんのために制作した玩具、さらにはくりこみ理論の舞台となった東京文理科大学大久保分室や朝永ゼミのスケッチ（伊藤大介氏作）など、博士の人となりを髣髴とさせる品々を常時展示している。また、博士の生誕一〇〇年を契機として朝永記念室のホームページが整備され、各種解説や多くの収蔵品がインターネット上で公開されている。

○ホームページ：http://tomonaga.tsukuba.ac.jp/

○「朝永記念室」の公開

公開時間：平日（年末年始を除く）午前九時－午後五時
閉室日：月曜日、年末年始（一二月二九日－一月三日）
所在地：茨城県つくば市天王台一－一－一　筑波大学大学会館筑波大学ギャラリー
※見学無料。連絡先：大学会館事務室（〇二九－八五三－二三八二）

■大阪大学湯川記念室

一九三五年の発表当時、大阪帝国大学理学部講師であった湯川秀樹博士が、その論文によりノーベル物理学賞を受賞したことを記念し、当時の総長今村荒男氏による提唱と次代総長正田健次郎氏の発意により、一九五三年一一月一日に発足した。当初は大阪市より寄贈された中之島小学校の木造二階建て校舎の二階の二部屋を湯川記念室とし、一階を事務局として使用した。正田総長は総長室の隣室を図書室・談話室として提供し、談話室では物理、数学をはじめとして様々な話題の談話会が開かれ、また毎年三三種類の海外学術雑誌が購入されて広く研究者に利用された。その後のキャンパスの移転に伴い、次代の総長赤堀四郎氏が豊中キャンパスにある原子核研究施設の一室を借用して一時的に湯川記念室を移動させ、さらに釜洞・若槻総長の時代、同キャンパスの図書館本館増築に際して本館の一室を借用し、一九七六年一一月二四日、新しい湯川記念室が開室、現在に至っている。現在の湯川記念室は本部に直属し、大学全体に解放され、学術的な香りの高い談話会、研究を主体とした少人数でのくつろいだ討論等々の場を提供している。

記念室自体は通常一般向けに公開を行っていないが、記念室が主催となった一般向けの企画・運営を各種行っている。その代表的なものは、毎年春に行われる大学祭「いちょう祭」における図書館本館でのパネル展示やビデオ上映、一九八五年より毎年秋に開催している「湯川記念講演会」、二〇〇五年より開催を始めた「最先端の物理を高校生に」という高校生向けの講義などである。

○ホームページ：http://www-yukawa.phys.sci.osaka-u.ac.jp/

○「湯川記念室」（通常は一般に公開されていない）

所在地：大阪府豊中市待兼山町一－四　大阪大学付属図書館内

※連絡先は、大阪大学理学研究科物理学専攻内。詳細はホームページで。

B　読書案内

ここには、現在も入手しやすい単行本を中心に載せた。史料的な意味でのより完全な文献リストにアクセスする方法は次の「C　文献案内」に記した。

■湯川秀樹の本

目に見えないもの　講談社学術文庫　94
物理講義　講談社学術文庫　195
最近の物質観　講談社学術文庫　116
創造への飛躍　講談社文庫　ゆ2―1C5
この地球に生まれあわせて　講談社文庫　ゆ2―2C52
自己発見　講談社文庫　ゆ2―3C113
半日閑談集　講談社文庫　C131　対談集
科学と人間のゆくへ　講談社文庫　C132　対談集
人間の発見　講談社文庫　C133　対談集

旅人――ある物理学者の回想　角川ソフィア文庫

人間の再発見　鼎談　角川選書　44

平和時代を創造するために（朝永・坂田昌一と共編著）　岩波新書　467

核時代を超える――平和の創造をめざして（朝永、坂田昌一と共著）

岩波新書　青版106

本の中の世界　岩波新書　青版493　みすず書房から再刊

物理の世界（片山泰久、山田英二との共著）講談社現代新書7

人間にとって科学とはなにか（梅棹忠夫との共著）　中公新書132

物理の世界、数理の世界（北川敏男との共著）　中公新書250

天才の世界（正、続、続々）（市川亀久弥との共著）　知的生きかた文庫　三笠書房

湯川秀樹集：現代の随想29（井上健編）　彌生書房

理論物理を語る（江沢洋編）　日本評論社

科学者のこころ　朝日選書89

湯川秀樹著作集　岩波書店　全一〇巻　別巻一（編集・解説）

1　学問について（佐藤文隆）

2　素粒子の探求（位田正邦）
3　物質と時空（田中　正）
4　科学文明と創造性（牧　二郎）
5　平和への希求（豊田利幸）
6　読書と思索（小川環樹）
7　回想・和歌（加藤周一）
8　学術編Ⅰ（位田正邦）
9　学術編Ⅱ（田中　正）
10　欧文学術論文（谷川安孝・河辺六男）
別巻　対談　年譜・著作目録（渡辺　慧）

湯川秀樹自選集　朝日新聞社　全五巻（解説）
Ⅰ　学問と人生（井上　健）
Ⅱ　素粒子の謎（片山泰久）
Ⅲ　現代人の知恵（井上　健）
Ⅳ　創造の世界（市川亀久弥）

V　遍歴（谷川安孝）

桑原武夫・井上健・小沼通二編『湯川秀樹』　NHK出版
湯川秀樹日記　昭和九年：中間子論への道（小沼通二編）　朝日選書836
「湯川秀樹物理講義」を読む（小沼通二監修）　講談社

■朝永振一郎の本

物理学とは何だろうか〈上、下〉　岩波新書　黄版
宇宙線の話（編）　岩波新書
量子力学と私（編集　江沢洋）　岩波文庫
科学者の自由な楽園（編集　江沢洋）　岩波文庫
鏡の中の世界　講談社学術文庫　三一
わが師わが友　講談社学術文庫　五五
鏡の中の世界　みすず書房
庭にくる鳥　みすず書房
核軍縮への新しい構想（湯川、豊田利幸との共著）　岩波書店

量子力学的世界像　弘文堂
スピンはめぐる——成熟期の量子力学　自然選書　中央公論社
物理学読本（編　第二版）　みすず書房
量子力学（一、二）　みすず書房
角運動量とスピン——「量子力学」補巻　みすず書房

朝永振一郎著作集　みすず書房　全一二巻別巻三（解説）
1　鳥獣戯画（串田孫一）
2　物理学と私（小谷正雄）
3　物理学の周辺（伏見康治）
4　科学と人間（桑原武夫）
5　科学者の社会的責任（小川岩雄）
6　開かれた研究所と指導者たち（玉木英彦）
7　物理学とは何だろうか（伊藤大介）
8　量子力学的世界像（牧　二郎）

9　マクロの世界からミクロの世界へ（江沢　洋）
10　量子電気力学の発展（西島和彦）
11　量子力学と私（山口嘉夫）
12　紀行と閑談（松井巻之助）
別巻1　学問をする姿勢（戸田盛和）
別巻2　日記・書簡（小林　稔）
別巻3　朝永振一郎・人と業績（小沼通二）

松井巻之助編『回想の朝永振一郎』　みすず書房
伊藤大介編『追想　朝永振一郎』　中央公論社

C　文献案内

学術論文集は次のように出版されている。

"*Hideki Yukawa Scientific Works*", ed. by Y. Tanikawa, Iwanami Shoten, 1979
"*Scientific Papers of Tomonaga*" 2 volumes, Misuzu Shobou Publishing Co., 1971, 1976

■湯川秀樹文献

湯川の「年譜」と「著作目録」が『湯川秀樹著作集　別巻　対談　年譜・著作目録』（岩波書店、一九九〇年）に掲載されている。「年譜」は河辺六男作成、「著作目録」は、湯川記念館史料室において、河辺が一九八五年にまとめて発表した目録に、岩波書店編集部が訂正・追補を施したものである。

河辺は、その後も、目録の訂正・追補を続けて、湯川記念館史料室の名前で、素粒子論グループ発行の月刊雑誌「素粒子論研究」（以下「素研」と略称）の以下の号に、これまでの決定版を発表した。

（1）YHAL RESOURCES Hideki Yukawa（VII）「素研」九四巻五号（一九九七年二月）一一七―二〇三頁

（2）YHAL RESOURCES Hideki Yukawa（VII 続）「素研」九五巻六号（一九九七年九月）八二―九五頁

（3）「湯川秀樹全著作　version 3」「素研」九九巻三号（一九九九年六月）一一五―一四二頁

（2）には、湯川の科学論文の全リストがまとめている。このリストには、欧文論文として発表されたもの五二、日本語の物理論文で英訳されたもの四、和文、欧文の科学講演記録の英文五、未発表物理論文六が含まれている。

（3）には、専門書、一般書を問わず、書物の形で出版されたものが全て年代順に整理してある。

（1）には、これらを除いた湯川の全ての文章を、「A」（物理の専門の文章）、「T」（講演、講演内容抄録、講演原稿）、「E」（その他、湯川が執筆したもの）、「D」（対談、鼎談、座談会の記録）に分けて、約七三三点が年代順に整理してある。

この（1）、（3）の内訳は次のようである。

	「A」	「T」	「E」	「D」	「一般書」	「専門書」
一九三〇年代	9	27	7	0	1	1
一九四〇年代	17	22	99	3	10	4
一九五〇年代	12	11	114	6	4	3
一九六〇年代	30	19	136	36	9	0
一九七〇年代	23	4	94	56	15	6
一九八〇年代	0	0	3	3	0	0

湯川は、生涯にわたり、膨大な史料を残した。この史料は、一九七九年八月に発足

した湯川記念館史料室に所蔵され、今日もなお整理が続けられている。すでに整理された史料のリストは、YHAL RESOURCES Hideki Yukawaとして「素研」に発表されてきた。

「素研」の内容は全て、インターネット上に公開されている。

http://ci.nii.ac.jp/vol_issue/nels/AN00135266_jp.html

前記以外の湯川記念館史料室のリストが掲載された号は、以下のとおりである。

（Ⅰ）六五巻四号　二三九―二六九頁、（Ⅱ）七〇巻五号　二八九―三〇六頁、（Ⅲ）七七巻四号　一六一―二〇二頁、（Ⅳ）九〇巻一号　一一―三五頁、（Ⅴ）九〇巻二号　六五―九三頁、（Ⅵ）九一巻五号　一八一―一八九頁、（Ⅷ）九八巻三号　一一五―一四二頁

■朝永振一郎文献

「朝永振一郎著作集」（みすず書房）に掲載の全文章を年次順に整理した「収録著作目録」と「主要著作目録（単行本）」のリストが

『朝永振一郎著作集　別巻Ⅰ　学問をする姿勢――補遺三三篇』

の巻末に掲載されている。著作集に掲載の文章は約二八二、主要著作（単行本）には

著書一三四、編著三、共著書・共編書一五、の他に一九三六年の初版以来現在も読み継がれているディラック著『量子力学』（岩波書店）の共訳書がある。

長年にわたって定評のある教科書『量子力学　Ⅰ、Ⅱ』は、

“*Quantum Mechanics*”, (M. Koshiba 訳, North-Holland Publishing Co.), Volume 1 (1962), 2 (1966)

として小柴昌俊により英訳されている。また「鏡の中の世界」（みすず書房、講談社学術文庫）、「スピンはめぐる——成熟期の量子力学」（中央公論社、みすず書房）、が各々独語、英語に翻訳されている。

“*Welt im Spiegel*”, W. Muntschik 訳, ed. by E. Müller-Hartmann, Franz Steiner Verlag, 1986

“*The Story of Spin*”, (T. Oka 訳, The Univ. of Chicago Press), 1997

また松井編「回想の朝永振一郎」（みすず書房）の英訳も出版されている。

“*Sin-itiro Tomonaga -- Life of a Japanese Physicist*”, Ed. by M. Matsui, English version edited and annotated by H. Ezawa (Cheryl Fujimoto and Takako Sano 訳, MYU), 1995

D　人名・用語解説

1　人名解説（生年順）

レントゲン（一八四五―一九二三　W. C. Röntgen）：X線発見で一九〇一年ノーベル賞。

ベクレル（一八五二―一九〇八　A. H. Becquerel）：放射能の発見で一九〇三年ノーベル賞。

トムソン（一八五六―一九四〇　J. J. Thomson）：電子の発見などで一九〇六年ノーベル賞。

プランク（一八五八―一九四七　M. Planck）：量子仮説で熱放射問題を解決、一九一八年ノーベル賞。

長岡半太郎（一八六五―一九五〇）：世界で著名な最初の日本人物理学者、東大教授、阪大学長、一九三七年第一回文化勲章。

森　外三郎（一八六五―一九三六）：東大数学卒、湯川、朝永の一中、三高時代の校長、自由主義の教育者。

キュリー（一八六七―一九三四　M. Curie）：放射能の研究で一九〇三年ノーベル物理学賞を夫のピエールと共同受賞、さらに一九一一年には化学賞を受賞。

ゾンマーフェルト（一八六八―一九五一　A. Sommerfeld）：量子化条件、金属電子論などに貢献。

小川琢治（一八七〇―一九四一）：京大教授、地理学、湯川など四人の学者兄弟の父親。

西田幾多郎（一八七〇―一九四五）：京大教授、京都学派の哲学の創始者、学生に大きな影響を与えた。

ラザフォード（一八七一―一九三七　E. Rutherford）：散乱実験で原子核を確証。一九〇八年ノーベル化学賞。

朝永三十郎（一八七一―一九五一）：京大教授　西洋哲学史、振一郎の父親、西田幾多郎とは哲学科で同僚教授。

大河内正敏（一八七八―一九五二）：東大教授、貴族院議員、理研の三代目の所長で「研究者の楽園」を作る。

アインシュタイン（一八七九―一九五五　A. Einstein）：光粒子説で一九二一年ノーベル賞。特殊および一般相対論、宇宙モデル、揺らぎ理論、放射確率、量子統計など。

石原　純（一八八一―一九四七）：東北大学教授、相対論と量子論を研究。一九二一年、歌人原阿佐緒との恋愛事件で東北大学を辞職。二二年アインシュタイン招聘で尽力、最新の科学動向や科学論の解説で学生に影響。一九一九年学士院恩賜賞。

ボルン（一八八二―一九七〇　M. Born）：量子力学の確率解釈、一九五四年ノーベル賞。

ボーア（一八八五―一九六二　N. Bohr）：量子論を採りいれた原子模型で一九二二年ノーベル賞、コペンハーゲンの彼の研究所は量子物理のセンターで仁科はじめ多くの日本人が研究した。

玉城嘉十郎（一八八六―一九三八）：数理物理の京大教授で、湯川、朝永はこの研究室の副手となる。

八木秀次（一八八六―一九七六）：八木アンテナを発明、東北大、大阪大教授、戦後参議院議員、一九五六年文化勲章、大阪大創設時の物理学科主任で湯川を採用。

シュレーディンガー（一八八七―一九六一　E. Schrödinger）：波動力学などで一九三三年ノー

ベル賞。

仁科芳雄（一八九〇―一九五一）：原子物理勃興期の欧州で学んで帰国、理研を中心に研究展開。日本学術会議副会長、一九四六年文化勲章。

荒勝文策（一八九〇―一九七三）：京大教授、原子核実験、広島原爆調査、京大物理で湯川の先輩。

チャドウイック（一八九一―一九七四，J. Chadwick）：一九三二年の中性子の発見で一九三五年ノーベル賞。

ド・ブローイ（一八九二―一九八七 L-V de Broglie）：運動物体の波動説で一九二九年ノーベル賞。

パウリ（一九〇〇―一九五八 W. E. Pauli）：ニュートリノを予言、一九四五年ノーベル賞。

ハイゼンベルク（一九〇一―一九七六 W. K. Heisenberg）：行列力学などで一九三二年ノーベル賞。

フェルミ（一九〇一―一九五四 E. Fermi）：中性子による核反応で一九三八年ノーベル賞、ベータ崩壊理論、原子炉製造、量子統計など実験理論両面で活躍。

ディラック（一九〇二―一九八四 P. A. M. Dirac）：相対論的電子論場などで一九三三年ノーベル賞。

菊池正士（一九〇二―一九七四）：阪大教授、東大教授、電子線回折実験、一九五一年文化勲章。

パウエル（一九〇三―一九六九 C. F. Powell）：宇宙線観測で二中間子を確証、一九五〇年ノーベル賞。

オッペンハイマー（一九〇四―一九六七 J. R. Oppenheimer）：湯川中間子と宇宙線粒子を議論、原爆開発指導、プリンストン高等研所長として湯川、朝永らを招く。

貝塚茂樹（一九〇四―一九八七）：湯川五兄弟の次

男、京大教授、古代中国学、一九八四年文化勲章。

アンダーソン（一九〇五―一九九一　C.D. Anderson）：一九三二年陽電子、三七年ミュー中間子発見、ノーベル賞。

ロートブラット（一九〇六―二〇〇五，J. Rotblat）：パグウォッシュ会議の代表で一九九五年ノーベル平和賞。

朝永振一郎（一九〇六―一九七九）

湯川秀樹（一九〇七―一九八一）

小林　稔（一九〇八―二〇〇一）：中間子論第Ⅳ論文の共著者、京大教授、「プログレス」刊行に尽力。

伏見康治（一九〇八―二〇〇八）：阪大、名古屋大教授、日本学術会議会長、阪大時代の湯川の同僚。

湯川スミ（一九一〇―二〇〇六）：医師湯川玄洋の次女、秀樹はスミと結婚し湯川姓に、世界連邦運動に献身。

坂田昌一（一九一一―一九七〇）：湯川の最初の協力者、名大教授、二中間子論、複合モデルを提唱。

武谷三男（一九一一―二〇〇〇）：中間子論第Ⅲ、第Ⅳ論文の共著者、立教大教授、科学論で影響を与えた。

シュヴィンガー（一九一八―一九九四，J. Schwinger）：朝永とノーベル賞を共同受賞。

ファインマン（一九一八―一九八八，R. Feyman）：朝永とノーベル賞を共同受賞。

南部陽一郎（一九二一―　　）：大阪市立大学・大阪大学・フェルミ国立加速器研究所・シカゴ大学各名誉教授。対称性の自発的破れをサブアトミック物理において発見したことで、二〇〇八年ノーベル賞。

ダイソン（一九二三—　，F. Dyson）：くりこみ理論で朝永とシュヴィンガーとファインマンの理論が同等であることを証明。

小柴昌俊（一九二六—　）：東大教授、宇宙線、素粒子の実験家、宇宙ニュートリノの検出で二〇〇二年ノーベル賞。

益川敏英（一九四〇—　）：京都大学名誉教授。クォークが自然界に少なくとも三世代以上あることを予言するCP対称性の破れの起源の発見で、小林誠とともに二〇〇八年ノーベル賞。

小林　誠（一九四四—　）：高エネルギー加速器研究機構名誉教授。クォークが自然界に少なくとも三世代以上あることを予言するCP対称性の破れの起源の発見で、益川敏英とともに二〇〇八年ノーベル賞。

2　物理用語（五十音順）

アルファ線：放射線の一種、原子核のアルファ崩壊で出る高いエネルギーのヘリウム核。

異常磁気能率：電子の磁気能率が場の反作用を受けて修正される磁気能率の大きさ。

一次元電導性：電子運動を一次元に制限した場合の電気伝導、例えばカーボンナノチューブで実現。

陰極：マイナス（負）電気の電極、プラス（正）は陽極。

宇宙線：宇宙から地球に降り注ぐ高エネルギーの粒子で、空気中で素粒子反応をする。

エックス線：紫外線よりも短波長の電磁波で、一八九五年にレントゲンが発見、結晶解析に有効。

エネルギー準位：原子内では電子は飛び飛びのエネルギー状態をとるがそれを配列したもの。

LHC：ヨーロッパ CERN 研究所が計画中の素粒子実験用の加速器。

解析力学：一九世紀に古典力学を抽象的に一般化した理論で、量子力学の形成に役立った。

化学結合：原子と原子を結びつける力。量子力学によるポーリング、福井謙一の研究などが有名。

核子：原子核を作っている陽子と中性子。陽子の数が元素の種類を決める。

核力：原子核の中で核子のあいだに働く力。湯川はこの力に着目して中間子論を提唱した。

カミオカンデ：小柴昌俊が岐阜県神岡のトンネル内に作った、水槽内のチェレンコフ光による素粒子検出器。一九八七年に超新星からのニュートリノ検出。現在はスーパーカミオカンデに拡張された。

ガンマ線：放射線の一種で、エックス線よりエネルギーの高い光子。すなわち、波長の短い電磁波。

QED：量子電磁気学。朝永らが完成した電磁気力のゲージ理論で光子が力を媒介する。

QCD：量子色力学。強い力のゲージ理論でグルーオンが力を媒介する。

行列力学：ハイゼンベルクが一九二五年に提出した量子力学の先駆。物理変数を行列で表す。

クォーク：中間子や核子を構成する強い力の荷（カラー（色）と呼ばれる）を持ち、QCDに従う。

クライン・仁科公式：電子と光子の相対論的な散乱断面積、仁科とクラインのボーア研での共同論文で導いた。

くりこみ理論：朝永らが提出した、観測される量を有限にする場の量子論の計算法。ここで、［観測される量］＝［裸の値］＋［補正］である。当初はQEDだけの理論と考えられたが、標準理論では力の法則の原理に位置付けられた。

結合定数：力の強さの定数、くりこみ理論によると高エネルギーで三つの力は強さが一致。

原子スペクトル：原子内の電子は、許されるエネルギー準位の間を遷移する際、決まった波長の光を出す。ある原子から出る光をプリズムで分光すると決まったスペクトル（波長分布）が見られる。この実験データは、量子力学の成立に重要な役割を果たした。

原子模型：二〇世紀初め原子は電荷が正と負の要素から成るとされていたが、正の核と周りの負の雲から成るとなった。

元素の起源：宇宙に存在する元素は主に星の中での素粒子と原子核の反応で作られた。

古典力学：ニュートンの力学以来の、量子力学以前の物理学の基礎。

サイクロトロン：磁石で荷電粒子を回転運動させ、振動電場で何回も加速する粒子加速器。

集団運動：多数の粒子系の連動した振動のような、集団で同期した運動形態。

真空偏極：真空を正と反の粒子対が詰まったものとみる、電場をかければ偏極（分極）する。

スピン：電子やクォークなどがもつ自転の自由度。磁石としての磁気能率を持つ。

相対性理論：アインシュタインの特殊相対論では時間空間の四次元空間がもつローレンツ対称性のこと。場の量子論では量子論と相対論が統一された。

素粒子：物質は原子から成り、原子は原子核と電子から成り、原子核は陽子と中性子から成り……という具合に分解していき、現在たどり着いた基本の粒子。素粒子は、クォーク、レプトンとそれらの間の力を媒介する光、グルーオン、W、Z粒子である。

素領域理論：一九六〇年代に湯川と片山泰久が提出した理論で、非局所場理論を発展させた。

対応原理：量子力学と古典力学の一見したところ矛盾した見方を調整するボーアの考え方。

大統一理論：確立した標準理論の先にあると考えられている、三つの力（「強い力」、「弱い力」、電磁力）を統一的に記述する理論。

太陽ニュートリノ：太陽中心の核融合反応で発生するニュートリノ。スーパーカミオカンデで観測。

中間子：湯川が予言した。質量が当時知られていた核子と電子の中間的質量を持つという意味でメソトロン、略して、メソンと呼ばれた。日本名「中間」もこの意味。

中性子：チャドウイックが一九三二年に発見した陽子より少しだけ重い電荷のない素粒子。約一〇分の寿命で陽子と電子とニュートリノに崩壊する。

超新星一九八七A：一九八七年二月に爆発が観測されたマゼラン星雲の中の超新星で、三〇〇年ぶりの銀河系内の爆発。カミオカンデがこのときのニュートリノ・バーストを観測した。

超多時間理論：場の量子論の波動方程式では空間の各点毎に独立の時間があるとする朝永の考え。

超伝導：極低温で電気抵抗がゼロになる現象。

超微細構造：原子核と電子の磁気能率の作用で生ずる原子エネルギー準位の配置の微細構造。

強い力：クォークを陽子に閉じ込めたり、核子を原子核にまとめている力。四つの力の一つ。

ディラックの電子論：相対論的電子理論で、一九二八年にディラックが提出、反粒子、スピンなどを予言。

電磁気学：一九世紀半ばに完成した電磁気力の理論で、電力や電磁波などの技術の基礎。

電弱理論：電磁気力と弱い力を場の量子論で統一的に記述する理論。グラショー・サラム・ワインバーグ理論ともいう。

トンネル効果：量子力学では、粒子は古典的に禁止された領域でもトンネルのように通過できる。

原子核のアルファ崩壊がこれで説明された。のちに江崎玲於奈は半導体での電子のトンネル効果の確認でノーベル賞。

ニュートリノ質量：三種のニュートリノの質量の違いが、スーパーカミオカンデで発見された。

熱放射：熱した物体が放出する放射で、黒体放射ともいう、量子仮説のきっかけとなった。

パイ中間子：核力を説明する、湯川の予想した中間子。標準理論ではクォーク二個から成る複合粒子で、強い力を受ける。

裸の質量：場の反作用による放射補正などをする前の質量。

裸の電荷：場の反作用による真空偏極などの補正をする前の電荷。

発散：場の量子論で場の反作用を計算すると計算値が無限大になること。

波動方程式：ここではシュレーディンガーの波動力学に登場する方程式。量子力学の基礎方程式であり朝永はこれを超多時間理論に合うように拡張した。

場の反作用：場は力を及ぼすことで反作用を受ける。これによって元の場が修正を受けること。

場の量子論：量子力学は初めは有限な自由度の粒子の量子論で始まったが、すぐに無限自由度を持つ場の量子論に拡大された。

反物質：電荷その他の量子数以外は〈粒子〉と同性質の〈反粒子〉からなる物質。反原子の原子核は負、電子雲は正の電荷。

BCS理論：一九五七年に超伝導の理論を提出したBardeen-Cooper-Schrieffer 三氏の頭文字。

光の粒子説：一九〇五年にアインシュタインが量子仮説を用いて提唱し、光電効果を説明。

非局所場理論：力が局所的にその点の場だけでなく、離れた点の場にも依存するとする考え方。

ヒッグス粒子：標準理論で物質場に質量を与えるヒッグス場の粒子。ユカワ結合も参照。

ビッグバン：膨張宇宙のビッグバン高温高密状態では素粒子が現在とは違う状態にあった。

標準理論：ゲージ理論によるクォーク、レプトン間の三つの力（強、電、弱）の場の量子論。一九七〇年代末に確立。

輻射補正：真空を放射の放出・吸収が繰り返す状態とみた場合のこの仮想過程による補正。

物質波動説：電子などの物質粒子も波動の性質を持つと一九二三年にド・ブローイが提唱。

ベータ線：放射線の一種で、ベータ崩壊で出る高いエネルギーの電子、陽電子。

崩壊寿命：量子力学では不安定な状態はある平均寿命で突然に別の状態に遷移する。

放射能：不安定な原子核が崩壊する際に高いエネルギーの放射線を出すこと。

放電管：蛍光灯のような高電圧で放電をさせる真空度を高めたガラス管の装置。原子スペクトルの実験で重要な役割を果たした。

ミュー中間子：今日では、ミュー粒子またはミューオンという。標準理論では電子と同じレプトンの一種。一九三七年発見当時、湯川中間子と混同。

メソン：中間子を意味するメソトロンの略称。

ユカワ結合：場の理論でボース場と物質場の作用を表す用語で、標準理論ではヒッグス機構で物質場が質量を獲得する説明のところに登場する。

ユカワポテンシャル：距離をrとして、exp(-r/a)/rの型の力のポテンシャル。aは力の及ぶ範囲であり、力を媒介する粒子の質量に逆比例。

陽電子：ディラック電子論で予言された電子の反粒子、電荷は反対だが電子と同じ性質。

四つの力：素粒子間に働く重力、電磁気力、弱い力、強い力。分子間力や摩擦力は電磁気力の複合したもので基本力ではない。

弱い力：ベータ崩壊やニュートリノ検出などを起こす力で、標準理論ではグラショウ・ワインバーグ・サラム理論で電磁気力と統一された。

ラムシフト（ずれ）：一九四七年にラム（W. E. Lamb）が実験で見つけた水素原子のエネルギー準位のずれ、この「ずれ」をくりこみ理論が正確に説明した。

流体力学：空気や水の流れ、弾性体の振動、音響などを対象とする連続体の古典力学。

量子化条件：ボーアが原子内電子の量子論的な状態を決めるために仮定した条件。

量子統計：同じ状態を何個の粒子が占められるかの規則、フェルミ統計とボーズ統計がある。

量子力学：行列力学と波動力学は同じ量子力学の表現の差であるが一九二六年に認識された。この理論は、素粒子の解明に役立っただけでなく、量子エレクトロニクス、レーザーなどの現在のハイテクの基礎をなしており、近年は量子計算や量子情報の理論にも使われている。

レプトン：強い力を受けない素粒子、電子、ミューオン、タウ粒子と三種のニュートリノ。

3 その他の用語

『クーラン・ヒルベルト』：数学者のクーランとヒルベルト共著の物理数学の参考書（一九二四年発行）で、量子力学の数学の基礎として広く読まれた。

「滞独日記」：一九三六—三九年、朝永がドイツ、ライプチッヒのハイゼンベルクのもとに留学した時の日誌。「全集」の別巻二に収録。

「旅人」：一九五八年三年から七月まで朝日新聞に

連載した湯川の誕生から中間子論文完成までの自伝。角川ソフィア文庫に収録、英・独・仏・中国語に翻訳されている。

『プログレス』：「理論物理の進歩」を参照。

『理論物理の進歩』：戦後間もない一九四六年、湯川が創刊した月刊英文専門雑誌 *Progress of Theoretical Physics*。朝永グループはじめ戦中、戦後の日本の研究成果の海外への発信に寄与した。小林・益川の受賞対象論文も、この雑誌で発表された。

大阪帝国大学：一九三一年に医学と理学で発足、初代学長は長岡半太郎。一九三三―一九三九年に湯川は講師、助教授。

基礎物理学研究所：一九五三年、初の共同利用研として京大付置で発足、湯川が一九七〇年まで所長。

共同利用研究所：大学の枠を越えた研究環境を作る制度で基研から始まり多くの分野に拡がった。

京都帝国大学：一八九七年理科大学、工科大学（今の学部に当たる）で発足。法科大学、医科大学と続き、一九〇六年に文科大学が創設され、朝永、湯川の父親が赴任。

原子核研究所：原子核実験の共同利用研で一九五五年に東大付置で発足、朝永が設置に尽力。二〇〇一年つくば市の高エネルギー加速器研究機構に統合。

原子爆弾：ウランやプルトニュームの中性子吸収による核分裂で発生するエネルギーを用いた爆弾。一九四二年からオッペンハイマーが指導して開発され、広島、長崎に投下された。

原子力研究禁止：敗戦の日本に進駐した占領軍の司令部は日本での原子力研究禁止令を出して、原子核の実験研究用の理研、阪大、京大のサイクロトロン加速器を破壊して海中・湖中に破棄した。

水素爆弾：原子爆弾によって発生させた高温で水素を熱核融合反応させ、そのエネルギーを用いる爆弾。火薬一〇〇万トンの爆発力を持つ。

数物学会：一八八四年に創設の日本数学物理学会、戦後、日本数学会と日本物理学会に分離。中間子論文は数物学会誌に掲載。

第三高等学校：「第一」から「第八」まであった旧制高校ナンバースクールの一つで、戦後は新制大学に統合。第一は東大、第二は東北大、第三は京大、第四は金沢大、第五は熊本大などに統合された。

東京文理科大学：朝永が理研勤務の後に教授に就任した大学。戦後の大学再編で東京高等師範学校と合併し東京教育大学となり、一九七〇年には筑波学園都市移転に伴って現在の筑波大学となった。

日本学術会議：戦後改革で一九四九年に創設。湯川、朝永とも会員を歴任。朝永は一九六三—六九年会長。

ノーベル賞：ダイナマイトの発明販売で得た財産を寄付したアルフレッド・ノーベルの遺言により一九〇一年から始まった表彰制度。創設以来の物理学賞、化学賞、医学生理学賞、文学賞、平和賞の他に、経済学賞がある。物理学賞の最初の受賞者はレントゲン。

パグウォッシュ会議：核兵器の廃絶を訴えた一九五五年のラッセル—アインシュタイン宣言を受けて一九五七年にカナダのパグウォッシュ村で開催され、湯川、朝永も参加。現在も継続して世界各地で開催されている。一九九五年、ノーベル平和賞を受賞。

ビキニ水爆実験：一九五四年、南太平洋ビキニ環礁での米国の水素爆弾実験で、危険指定区域外で操業中のマグロ漁船第五福竜丸が被爆し、乗組員一名が死亡。

プリンストン高等研究所：米国ニュージャージー州の大学町プリンストンにある数学、物理学、歴史学などの研究所。ナチスドイツから亡命したアインシュタインがここにいた。戦後は二〇年ほどオッペンハイマーが所長を務めた。

湯川記念館：湯川のノーベル賞受賞を記念して建てられた建物。京大北部キャンパス内。

理化学研究所：一九一七年創設、一九二一―四六年の大河内所長時代に「研究者の楽園」といわれる活況をみせた。戦後一時期会社組織にされたが、その後特殊法人（一九五八―二〇〇三年）、現在は独立行政法人の研究所。

理論物理国際会議：一九五三年に東京と京都で開かれた戦後初の学術国際会議。研究の向上・国際化に寄与した。

あとがき

二〇〇六年三月三一日には朝永振一郎が、二〇〇七年一月二三日には湯川秀樹がそれぞれ生誕一〇〇年の記念を迎えた。これを記念して、二人が同級生として学んだ京都大学では「湯川・朝永生誕百年記念事業」に取り組むことを尾池和夫総長（当時）が提案し、二〇〇五年四月に部局長会議において決定した。記念事業の一つに企画展示会「素粒子の世界を拓く——湯川秀樹・朝永振一郎生誕百年」の開催が計画されて「企画実施専門委員会」が準備・実施にあたることになった。この時点で湯川、朝永にゆかりのある筑波大学と大阪大学での生誕記念事業も動き出し、この企画展のコンテンツ作りには両大学からも前記委員会に参加して、ともに作業が進められた。本書はこの準備作業の中で生まれたものである。

この企画展は国立科学博物館、京都大学、筑波大学、大阪大学の主催で二〇〇六年三月二六日—五月七日に上野の国立科学博物館で開催された。続いて二〇〇六年五月十三日—八月三一日につくば市で筑波大学の主催により朝永・湯川生誕百年記念展示会が開かれた。さらに、二〇〇六年一〇月四日

―二〇〇七年一月二八日に京都大学総合博物館において湯川・朝永生誕百年記念展示会が開催された。筑波大展及び京大展の内容は上野展と同一でなく、各々、追加を行った。この展示会は、さらに二〇〇七年末までに、大阪、広島、宮崎、札幌、新潟、金沢の各地で開催された。

本書の執筆に参加したのは前記委員会のメンバーの一部である、

江沢　洋　学習院大学名誉教授
小沼通二　慶応義塾大学名誉教授
西山　伸　京都大学大学文書館助教授
金谷和至　筑波大学数理物質科学研究科教授
遠藤理佳　京都大学基礎物理学研究所助手

の各氏である。また監修と執筆には

佐藤文隆　京都大学名誉教授、湯川記念財団理事長

があたった。各章の執筆分担は次のとおりである。

序章　佐藤、第一章（湯川分）小沼、（朝永分）江沢、第二章　小沼、第三章　江沢、第四章　佐藤・小沼、第五章　西山、第六章　西山、第七章　江沢、第八章　金谷（野尻・高杉）、終章　佐藤、

付録　遠藤・佐藤。また監修者が全般にわたって手を加えた。

先に述べたように本書は「企画展」と連携してうまれたものであり、企画実施専門委員会の他のメンバーである基礎物理学研究所所長（当時）九後太一、同事務長（当時）千代進一、同助教授（当時）野尻美保子、理学研究科教授笹尾登、京大総合博物館館長（当時）中坊徹次、筑波大学計算科学センター長宇川彰、大阪大学大学教育実践センター長高杉英一などの各氏の、本書への寄与に感謝します。

なお、この新編は、「はしがき」に述べたように、湯川・朝永を顕彰したまさにその翌年に、南部陽一郎、小林誠、益川敏英の三氏がノーベル賞を受賞するという慶事を祝って、その五氏の業績をトータルに理解するために、急遽企画したものである。追加した特別補遺は佐藤が執筆した。また、併せて旧編部分についても、旧編発刊以後に判明した評伝上の事柄などについて加筆・修正を相当程度加えている。学習・研究に用いる際、特に引用等で利用される場合は、本新編を利用していただきたい。

二〇〇八年一一月

佐藤文隆

【図版出典について】

本書の写真・図版等については、後掲のリスト以外のものは、京都大学基礎物研究所湯川記念館史料室および筑波大学朝永振一郎記念室の所蔵する資料を使用している。これらは故湯川秀樹博士、故朝永振一郎博士ならびに各々のご家族から寄贈されたものである。本書は2006–07年に行われた京都大学・筑波大学・大阪大学主催の企画展と連携したものでありこれら大学からの資料提供を受けている。

序章

- 図序–1　キュリー　©The Nobel Foundation
- 図序–2　ラザフォード　Wikipedia/Rutherfordより転載
- 図序–3　アインシュタイン　AIP Emilio Segre Visual Archives
- 図序–4　ボーア　Niels Bohr Archiveより転載
- 図序–5　ハイゼンベルク AIP Emilio Segre Visual Archives/Gift of Jost Lemmerich
- 図序–6　シュレーディンガー AIP Emilio Segre Visual Archives, Brittle Books Collection
- 図序–8　チャドウイック AIP Emilio Segre Visual Archives, W. F. Meggers Gallery of Nobel Laureates
- 図序–9　フェルミ　AIP Emilio Segre Visual Archives

第1章

- 図1–2　「論語」　京大人文研図書室提供
- 図1–5　トリック写真　「回想の朝永振一郎」所載の朝永陽二郎氏の稿より転載
- 図1–6　知恩院のアインシュタイン　石原純著、岡本一平画「アインシュタイン講演録（新装版）」1977年東京図書刊より転載
- 図1–7　岡潔　奈良女子大学図書館提供
  秋月康夫　京都大学数学教室提供

第 2 章

図 2–2　朝日新聞社提供

図 2–4　野依良治氏提供

図 2–5　Reprinted by permission from Macmillan Publishers Ltd: *Nature* 160, copyright（1947）

第 3 章

図 3–2　ハイゼンベルクとディラック玉木・江沢編『仁科芳雄』（みすず書房）口絵写真より複写

図 3–3　「回想の朝永振一郎」（みすず書房）より転載

図 3–4　仁科、ボーア、菊池、玉木・江沢編『仁科芳雄』（みすず書房）口絵写真より複写

第 2 部口絵

ボーア、湯川、スミ、オッペンハイマー　Niels Bohr Archive, courtesy AIP Emilio Segre Visual Archives

第 5 章

図 5–1　設置当初の文科大学　京都大学大学文書館提供

図 5–3　小川琢治　京都大学大学文書館提供

図 5–5　朝永三十郎　京都大学大学文書館提供

第 6 章

図 6–1　森　外三郎　京都大学大学文書館提供

図 6–2　第三高等学校の正門・本館　京都大学大学文書館提供

図 6–3　京都大学の時計台　京都大学大学文書館提供

図 6–4　湯川・朝永が授業を受けた階段教室　京都大学大学文書館提供

第 7 章

図 7–1　長岡半太郎　　大阪大学提供

図 7–2　石原　純　Tohoku University Archives より転載

図 7–4　コペンハーゲンにて　　仁科記念財団提供
図 7–5　コッククロフト・ウォルトン装置の前で　　大阪大学提供

第 8 章
図 8–4　CERN Courier より転載
図 8–5　東京大学宇宙線研究所　神岡宇宙素粒子研究施設
図 8–8　CERN アトラス実験グループ

表紙カバー
背景イメージ　CERN アトラス実験グループ
朝永写真　菊池俊吉氏撮影
南部写真　AFLO フォト
小林写真　京都大学広報センター
益川写真　京都大学広報センター

索　引

■専門用語や人名等で本文で解説されていない語については、228〜240頁の「用語解説」で説明した。そちらも参照されたい。

【著者代表略歴】

佐藤　文隆(さとう　ふみたか)

1938年生まれ、1960年京都大学理学部卒業、京都大学助手、助教授、教授、京都大学基礎物理学研究所長、京都大学理学部長、日本物理学会会長、日本学術会議会員、甲南大学教授を歴任。一般相対論、宇宙物理を専攻。湯川の全集、ビデオなどを編纂、湯川記念財団理事長。

江沢　洋(えざわ　ひろし)

1932年生まれ、1955年東京大学理学部卒業、東京大学理学部助手、学習院大学理学部助教授、教授、日本物理学会会長、日本学術会議会員などを歴任。場の量子論、数理物理を専攻。朝永の全集、ビデオ、岩波文庫、仁科書簡などを編纂。

小沼　通二(こぬま　みちじ)

1931年生まれ、1954年東京大学理学部卒業、東京大学助手、京都大学基礎物理学研究所助教授、慶應大学教授、日本物理学会会長、アジア太平洋物理学連合会長などを歴任。素粒子物理を専攻。中間子論成立の研究、湯川、朝永の平和運動を支援、パグウォッシュ会議元評議員。

学術選書

新編　素粒子の世界を拓く
―湯川・朝永から南部・小林・益川へ　学術選書 039

2008 年 11 月 15 日　初版第一刷発行

編　　集…………湯川・朝永生誕百年企画展委員会
監　　修…………佐藤　文隆
発 行 人…………加藤　重樹
発 行 所…………京都大学学術出版会
京都市左京区吉田河原町 15-9
京大会館内（〒 606-8305）
電話（075）761-6182
FAX（075）761-6190
振替 01000-8-64677
URL http://www.kyoto-up.or.jp
印刷・製本…………㈱太洋社
装　　幀…………鷺草デザイン事務所

ISBN　978-4-87698-839-6
定価はカバーに表示してあります

学術選書［自然科学書］

＊サブシリーズ　「心の宇宙」→心　「宇宙と物質の神秘に迫る」→宇

001 土とは何だろうか？　久馬一剛
002 子どもの脳を育てる栄養学　中川八郎・葛西奈津子
003 前頭葉の謎を解く　船橋新太郎　心1
005 コミュニティのグループ・ダイナミックス　杉万俊夫 編著　心2
007 見えないもので宇宙を観る　小山勝二ほか 編著　宇1
010 GADV仮説　生命起源を問い直す　池原健二
011 ヒト 家をつくるサル　榎本知郎
013 心理臨床学のコア　山中康裕　心3
018 紙とパルプの科学　山内龍男
019 量子の世界　川合・佐々木・前野ほか編著　宇2
021 熱帯林の恵み　渡辺弘之
022 動物たちのゆたかな心　藤田和生　心4
026 人間性はどこから来たか　サル学からのアプローチ　西田利貞
027 生物の多様性ってなんだろう？　生命のジグソーパズル　京都大学総合博物館 京都大学生態学研究センター編
028 心を発見する心の発達　板倉昭二　心5
029 光と色の宇宙　福江 純
030 脳の情報表現を見る　櫻井芳雄　心6
032 究極の森林　梶原幹弘
033 大気と微粒子の話　エアロゾルと地球環境　笠原三紀夫 東野 達 監修
034 脳科学のテーブル　日本神経回路学会監修／外山敬介・甘利俊一・篠本滋編
035 ヒトゲノムマップ　加納 圭
037 新・動物の「食」に学ぶ　西田利貞
038 イネの歴史　佐藤洋一郎
039 新編 素粒子の世界を拓く　湯川・朝永から南部・小林・益川へ　佐藤文隆 監修